LOCUS

LOCUS

LOCUS

LOCUS

touch

對於變化，我們需要的不是觀察。而是接觸。

a *touch* book
Locus Publishing Company
11F, 25, Sec. 4 Nan-King East Road, Taipei, Taiwan
ISBN 986-7291-42-5 Chinese Language Edition

HARDBALL
Are You Playing to Play or Playing to Win?
by George Stalk and Rob Lachenauer

July 2005, First Edition
Printed in Taiwan

快速球宣言
作者：Gerorge Stalk & Rod Lachenauer
譯者：黃佳瑜
責任編輯：湯皓全　美術編輯：何萍萍
法律顧問：全理法律事務所董安丹律師
出版者：大塊文化出版股份有限公司　e-mail: locus@locuspublishing.com
臺北市105南京東路四段25號11樓　**讀者服務專線：0800-006689**
TEL:(02)87123898　FAX:(02)87123897
郵撥帳號：18955675　戶名：大塊文化出版股份有限公司

總經銷：大和書報圖書股份有限公司　地址：台北縣五股工業區五功五路2號
TEL:(02)89902588（代表號）　FAX:(02)22901658
排版：天翼排版印刷股份有限公司　製版：源耕印刷事業有限公司
初版一刷：2005年7月

定價：新台幣250元

touch

快速球宣言

經營者需要的不是優勢，而是壓倒性優勢

HARDBALL
Are You Playing to Play or Playing to Win?

George Stalk, Rob Lachenauer & John Butman

黃佳瑜⊙譯

目錄

硬是要贏

快速球壓制下的絕對優勢

在棒球賽中，

投手對強打者投出時速一六〇公里

內角偏高的快速好球，藉此傳達某種訊息；

這就是一種強硬舉動。投手無意擊中打擊者，

也具有不投出觸身球的足夠技術和控制力。

這是一種頑強的、完全合法，

而且極爲有效的強硬舉動。

商場贏家向來秉持強硬作風。當我們說企業施展強硬手腕，即表示他們使盡一切正當資源與策略，企圖搏得壓倒競爭對手的優勢。企業一旦佔有競爭優勢，就能吸引更多顧客、搶佔市場、提高利潤、回饋員工、削弱競爭者的市場地位，進而將營利重新挹注於企業之中，用來提昇商品品質、拓展商品與服務範疇、改善企業流程，進一步強化其競爭地位。如此良性循環若能長長久久往復不息，企業就能將競爭優勢轉化為一種更強大、更有利的地位——他們將可以取得決定性優勢（decisive advantage）。如此一來，企業在市場上呼風喚雨的能力，將是單單成為業界領袖所無法望其項背的。他們可以運用決定性優勢掀起產業的徹底改革、讓競爭對手淪於挨打的局面、迫使企業夥伴及供應商進行自我調整，並且為顧客帶來極高價值，讓他們的市場佔有率更上一層樓。

透過競爭優勢克敵制勝，聽起來也許不過是另一種可靠、實際且明智的企業實務作風。然而事實上，強硬派企業基於其態度與行為，特別顯得卓然不群。他們義無反顧地投入賽局、展現旺盛的執行力、持續不懈地驅策自己發揮最大實力；這一切在在使他們迥異於其他具有高績效和健全商業技能的企業。不論就競賽的哪一個角度而言，強硬派玩家永遠以獲勝為目標，永遠追求決定性勝利。他們不屑於二比一險勝，要就要以九比二的壓倒性局勢讓對手潰不成軍。

作風軟弱的企業沒有競爭優勢可言，就算僥倖得之，恐怕也不明究理，或者欠缺善用優勢的能力。有些溫吞業者可以在商場上混跡多年，想方設法（譬如向批發商塞貨或刪減成本）一季又一季地苟延殘喘下去；某些企業也許會利用可疑的、甚至非法的行動（例如設立空殼顧客），企圖掩蓋他們的不良績效。套句投球術語，這種公司投的是軟弱無力的廢球（throwing junk）。

我們相信在我們的社會之中，企業的根本目標就在於卯足全力彼此競爭。諾貝爾獎得主米爾頓・傅立曼（Milton Friedman）在一九七〇年九月十三日出刊的《紐約時報雜誌》（*New York Times Magazine*）上，引述其著作《資本主義與自由》（*Capitalism and Freedom*）書中的觀點：「企業有一份且唯一一份社會責任——即運用資源，投入旨在增加企業利潤的活動，只要不超出遊戲規則的範圍即無妨。也就是說，企業應在不欺瞞詐騙的前提下，投入開放且自由的競爭。」

傅立曼的議論引燃一場關於企業目標的論戰，火勢延燒到全國乃至全球的公司行號、學術殿堂，以及我國首府影響力深遠的「交流圈」。這場論戰至今仍沸沸揚揚未見定論。

波士頓顧問集團的創辦人布魯斯・韓德森（Bruce Henderson），基本上與傅立曼意見一致，但是他還更強調競爭的重要性。一九七三年，見到以「公平」競爭之名而針對IBM及AT&T採取的反對行動時，韓德森深感憂心，他寫道：「各行各業的龍頭老大應穩健地提高其市場佔有率，倘若無法做到這一點，即是無力競爭的初步證據。」

韓德森緊接著描述創造決定性優勢的良性循環：「競爭對手之間的市場佔有率，應呈動盪不穩的狀態。高成本業者退出市場，低成本業者取而代之；而造就低成本的供應商，則應透過較低的價格與顧客分享低成本的好處。要是降低了成本仍無法取得市場佔有率，貿易限制的存在即不證自明……」

韓德森最後表示，沒有依此道運作的企業，將導致產業無法進行「集中」（即整合與提昇），進而造成更大的遺害——「致使國家經濟無法優化生產力、降低通貨膨脹。」換句話說，儘管施展強硬作風、追求勝利，看起來也許是一種自私自利的行爲，然而對整體經濟、社會的繁榮與活力而言，這種做法其實是絕對必要的①。

本書秉持傅立曼、韓德森及其他有識之士的一脈傳統，相信企業的功能在於卯足全勁從事競爭，藉此贏取顧客與利潤，以追求壓倒競爭者的最大優勢爲目標。

從我們多年來在全球許多國家、許多產業的客戶合作經驗中，我們知道全球頂尖企業——那些強硬派贏家——的領導人，莫不相信追求競爭優勢、並將優勢發揮得淋漓盡致，是他們對股東、顧客、員工及社會責無旁貸的義務。這些強硬派領導人一抓到機會，便會充分運用優勢，直到競爭者受盡擠壓甚至感到痛苦為止。當競爭者發現自己處於這種局勢時，可以有兩種選擇。他們可以來軟的，意思是利用非策略手段驅使社會大衆改變遊戲規則，藉此阻礙強硬派對手的成就。或者，也可以試著找出強硬派業者的罩門，使遊戲規則變得更有利於他們。我們鼓吹第二種做法。商業猶如生活，是一場永無止盡的循環，你得不斷地取得優勢、面臨大膽而創新的競爭者威脅，然後設法適應或屈服於這些挑戰。

然而，組織一旦取得優勢，便會出現因循苟且的傾向，沿用原本那一套導致優勢的策略或模式。此時，企業領袖最重要的角色，就是讓組織追求優勢的渴望持續不滅。正如百事企業前總裁羅傑·安利可（Roger Enrico）對我們所說的，組織要想「混水摸魚」而能持續建立優勢，那是不可能的事。領袖的任務，就是讓員工明白他們的企業優勢永遠岌岌可危，必要的話，甚至需要創造敵人讓組織產生同仇敵愾之心。

除了強勢領袖之外，強硬派競爭者還擁有一般所謂的「良善管理」。不過，在撰寫本書以及之前發表於《哈佛商業評論》的一篇文章時，我們遭人批評低估了「軟性」議題——諸如文化與員工關係等的重要性。我們絕無低估此類議題的意思，而是把它們放在策略的框架之下進行討論。良善管理是企業成功的必要條件，但不是充分條件；獲利能力的高下，與競爭優勢的差異呈現非常強烈的相關性。我們相信有辦法擬定強硬策略，並且敦促組織運用策略取得競爭優勢的管理團隊，最可能爲它的人員帶來情感、智識、社會、財務與專業上的利益。擁護強硬作風，並不表示我們主張摒棄或忽略關於如何與組織內外建立良好關係的一切心得。相反的，我們相信替強硬派業者服務或與之合作的人，都得到極爲優渥的回饋，而且是你在商業界中所能找到最有成就感的人。

強硬派特色

首先最重要的一點，強硬派業者參與競爭的唯一目的，就是爲了求取勝利。他們運用能創造競爭優勢的策略，爲他們帶來豐厚的銷售利潤、平均之上的淨利與盈餘、低於一般水準的負債、優於平均水準的信用評比，以及最重要的——領先群倫的市場佔有率。

戴爾（Dell）是個強硬派業者，它的競爭優勢在於其成本結構。當惠普（Hewlett-Packard）宣告該公司因PC市場的價格戰而導致財務結果疲弱，戴爾立刻宣佈全面降價——趁對手遭逢低潮時期趕緊落井下石。戴爾的市佔率或獲利能力，是其他PC業者所望塵莫及的。

然而，強硬派業者不會因爲擁有競爭優勢而志得意滿。他們在擴充營業額、利潤和市場佔有率之際，也同時拚命地刪減成本、改善制度，並且推出新商品與服務來吸引新顧客上門。他們的目標在於強化競爭優勢，直到享有左右大局的關鍵地位，讓他們足以支配產業的創新方向與步伐爲止。不過，由於他們持續饋給這個良性循環，強硬派業者從不會停駐在其領先地位上坐享其成，而且通常享有比一般企業更長更久的壽命。

豐田（Toyota）是個強硬派業者，它的競爭優勢是一套生產系統，讓豐田得以用無與倫比的生產力，製造出品質無可匹敵的汽車。豐田利用這套系統，毫不留情地攻擊美國三大車廠（譯注：指福特、通用及克萊斯勒）防守意願最薄弱的地方；戰火從一九八〇年代的小型房車市場開始，然後是中型房車、大型房車，如今更在底特律碩果僅存的利潤中心——卡車及休旅車市場，發出了致命的一擊。豐田的生產系統並非祕密，其他車廠也曾試圖抄襲。不過截至目前爲止，仍然沒有一家公司可以靠它來威脅豐田的領導地位。

有時候，強硬派業者的動作不免顯得有一點粗暴蠻橫，而當發生這種情況時，他們並不會表示歉意。不過，他們絕不會危及顧客，不會做出傷害產業或者光有利於己的舉動，當然，也絕不會涉入任何不法勾當。

威名百貨（Wal-Mart）透過一套優越的後勤系統創造競爭優勢，這套系統能幫助它刪減成本、擴充銷量。該公司要求供應商予以配合，共同爲降低供應鏈各環節的成本而攜手努力。當樂柏美（Rubbermaid）不能或不願針對其配送系統進行合理化整頓、統合從不同工廠運出的貨物時，威名便將簡化之責收回自己手中。它大幅縮減樂柏美的進貨品項——一個重創樂柏美整體銷售量的強硬舉措。

強硬派業者時時專注於事務的核心——即發展結果將決定組織未來的一小撮關鍵議題；藉此創造競爭優勢，進而培植成決定性優勢。強硬派領袖帶領組織上下正視事務核心，不容人們轉移注意力。

舉例來說，渥索紙業（Wausau Papers）的總裁相信該公司死氣沉沉的布洛考（Brokaw）事業部門，可以透過大幅提昇客戶服務，尤其是針對低訂貨量的特殊訂單，而建立起競爭優勢。多年以來，該公司一直致力於刪減成本、限制商品種類，而且絕不派送沒有滿載的卡車出門。總裁強迫員工將注意力放在一組能導向優越服務的新議題：高效率的接單流程、迅速的機器準備及流程控制、快捷的包裝，以及隨時可動身啓程的載貨卡車。當後勤系統主管無法切中事務核心時，總裁施展強硬作風，決定撤換後勤主管。

正如傅立曼與韓德森雙雙主張的，強硬作風不僅造就企業的成功，更有利於整體經濟發展。強硬作風是一種有效率的做法，它淘洗市場，讓所有企業更強壯、更有活力；它導致商品與服務的創新、產生更容易負擔的商品與服務、創造更滿意的顧客。

但是，強硬業者的作風往往引人側目，招來批判的眼光。「誰能阻止豐田汽車？」，《商業周刊》的標題如此問道；「威名百貨有益於美國嗎？」，《紐約時報》憂心忡忡；《財星》雜誌的觀感則是「戴爾：街頭最惡劣的小子」。強硬派玩家爭取勝利的手法，似乎有那麼一點不合道義，而且不用說，確實是不怎麼仁慈的②。

凡此種種輿論批評，是對過去十年來那些曾被揭發、唾棄甚至被監禁的商場惡霸，其應被指摘且往往非法的行爲的一種反彈。這些人不是強硬派玩家。他們是軟趴趴的業者，謊稱自己創造了競爭優勢和高利潤率，然而其優勢不過是畫餅充飢，是以會計手腳和經不起考驗的購併活動爲基礎的，如今已被人一一戳破了。

對於強硬派玩家的負面觀感，進一步受到當今管理理論的強化——至少是那些表達在媒體上、在廣受歡迎的管理文獻上，以及列在許多管理學院課程上的理論。多年來，商業世界一直專注於諸多所謂的「軟性」議題，包括顧客關懷、員工授能（employee empowerment）、人才管理、企業文化和企業治理。這些都是極端重要的議題，然而問題是，它們普遍被視爲單獨存在的活動，彷彿本身就是一套獨立策略。但是，若缺乏能夠創造或強化競爭優勢的企業策略，再高的顧客關懷或員工士氣，都無法為企業帶來成功或長治久安。

強硬派企業對於軟性議題——報酬與表揚、文化、顧客關係和領導力——賦予高度關注，但是他們在企業策略的框架下思索這些議題。員工對公司的感覺很好，因為他們知道自己的作為是以勝利為目標，而商界人士莫不熱愛勝利。強硬派企業充滿活力，因為他們切中事務核心，而人們喜歡覺得自己所做的事情是準確而重要的。強硬派企業吸引並留住人才，因為他們足夠健全，可以付給員工優渥的報酬，並且許諾他們光明的前途。

儘管如此，「強硬派」這個字眼，還是讓某些人難以下嚥。我們的一些同事和審稿同仁擔心讀者產生誤會，以為我們寫這本書的目的，是為巧取豪奪的工業鉅子、無情無義的企業掠奪者以及利慾薰心的企業主管歌功頌德。其實恰恰相反。

強硬作風無關於在法律界線之外遊走的極端經營行為，更無關於卑鄙惡劣的手段。強硬作風是關於讓別人如坐針氈，而你自己得容忍你一手製造出來的不安局面。在棒球賽中，投手對強打者投出時速九十八英哩（約一五七點七公里）內角偏高的快速好球，藉此傳達某種訊息，這就是一種強硬舉動。投手無意擊中打擊者，也具有不投出觸身球的足夠技術和控制力。這是一種頑強的、完全合法，而且極為有效的強硬舉動。

對於強硬業者的負面反應，有些是來自作風軟弱的業者，也就是那些沒有資源、技能或意願跟強硬派業者一決勝負的人。反之於尋找方法攻擊大型業者，或者替自己尋找創造競爭優勢的新來源，作風軟弱的業者選擇訴諸於軟趴趴的戰術。在棒球賽中，軟骨頭隊伍對主審踢沙子、向對手休息區吐口水，或者要跑壘員在滑向二壘時把鞋底的釘子朝上。軟骨頭的企業遊說官員進行貿易設限，尋找掣肘業界領袖的市場法規。這些企業在媒體上散播敵手的負面消息，或者在法庭上以無憑無據的指控騷擾他們。不過，這些戰術（而非策略）很少能改變局勢，或者替企業帶來競爭優勢。在大擺姿態噘嘴板臉之際，作風軟弱的業者讓數十億元股東價值一點一滴付諸東流。

未來十年內，企業的行動將會越來越快、越來越明智，競爭戰況也將空前激烈。市場將由業界龍頭以及許許多多的利基業者瓜分，中間業者幾乎沒有立錐之地。倖存至今的濫吞企業（一些航空公司、某些汽車廠以及許多醫療供應商），恐怕已來日無多。

唯有強硬派會存活下來，也唯有強硬派應當存活下來。

強硬派原則

強硬業者將以下五項原則奉爲圭臬：

一心一意專注於競爭優勢。商業史上屍橫遍野，到處可見那些曾經擁有堅強的競爭優勢，而後卻失去生氣的企業骸骨。強硬業者汲汲營營地拉大他們與競爭對手的績效差距；他們不以今天的競爭優勢而自滿——他們要的是明天的優勢。

強硬派業者信奉經過驗證的優勢。他們知道自己的優勢所在，而且毫不懈怠地善加運用。他們不自欺也不欺世；他們衡量自己的優勢，並且設法區分自己與競爭者的不同。作風軟弱的業者信口談論競爭優勢，但是其中沒有幾人能確實指出或量化他們的優勢。

強硬派企業不屈不撓地追求競爭優勢，創造能持續強化優勢的良性循環。威名百貨透過一套可以降低運送成本、提高庫存週轉率，並且帶給它競爭優勢的供配系統，展現出強硬作風。然後開始推行「天天低價」策略，藉此穩定需求量、進一步刪減成本、擴大銷售量。接下來，該公司運用他們龐大的銷售量來左右供應商的送貨排程，強行規定陳列及商品組合，進一步降低價格，同時讓銷售量繼續往上攀升。威名百貨不斷將系統裡的每根螺絲釘扭得更緊，毫無鬆手的跡象。

力求將競爭優勢轉化爲決定性優勢。以往白開水般的競爭優勢可能如曇花一現，稍縱即逝；然而決定性優勢就不同了，它可以讓你把競爭對手遠遠地拋在腦後。決定性優勢可以系統性地自行強化；你越精於發揮長項，競爭對手就越難與你抗衡或奪走你的優勢。舉例而言，在你日益擴張規模之際，成本也將隨之越來越低，使你進一步提高市場佔有率。強硬派業者也許創造了一個固若金湯的經濟體系，或者跟對手無法接近的顧客或供應商建立了良好關係，又或者發展了對手無法仿效的能力，例如快速的商品發展或優越的顧客知識。

豐田的決定性優勢建立在該公司優越的生產系統之上。這項優勢讓豐田的全球佔有率從一九八〇年的五％，擴張到如今的十一％；每一個百分點的價值，相當於一百億美元的營收。豐田在二〇〇三年的市值，已超越通用與福特兩家市值的加總。該公司表示，他們的目標是在二〇一〇年達到十五％的全球佔有率。有沒有人想賭他們做不到這一點？

採用間接攻擊戰術。強硬派業者往往避免跟競爭對手產生正面衝突。聽起來也許有點違反直覺——你大概假設強硬派業者，會採用那種「衝著你來」的方式；但是軍事歷史顯示，絕大多數的決定性勝利，都是透過迂迴攻擊而達成的。「間接攻擊顯然是最十拿九穩且最經濟的策略形式，」軍事歷史家李德哈特（B. H. Liddell Hart）如此寫道，「戰績最一致的成功指揮官，在面對擁有強大天然或物資地位的敵人時，鮮少採用直接戰術進行攻擊③。」

西南航空公司（Southwest Airlines，簡稱SWA）就發動了一次典型的間接攻擊。他們決定避免在最繁忙的轉運城市與大型航空公司正面抗衡；這些城市是大型航空公司最堅強的地方。相反的，西南航空在次級機場設點營運，例如在華府大都會區，西南航空便從巴爾的摩—華盛頓機場（BWI）——該區域第三大機場——起家，一天飛行十二個班次。如今，他們每天已有一百六十三個班次從BWI起飛。

一俟西南航空站穩腳步，在較小型的機場奠定了顧客基礎，大型航空公司就面臨了一個兩難困境。他們是否應該在自己毫無競爭優勢的小型機場與西南航空正面競爭？如果真的這麼做，而且成績斐然，他們很可能會搶走自家人在大型轉運城市的生意。或者，他們是否應該另外設立新的航空公司與西南航空競爭？衆家大型航空公司至今尚未找到理想答案。

善用員工的求勝心。想要施展強硬作風，不是光靠聰明就行。正如曾參與二次大戰著名空襲戰役的空軍上校吉米·杜立德（Jimmy Doolittle）所言：「勝利屬於那些信念最堅定的人。」

比爾·艾文（Bill Irwin）試圖爲倍思維爾壽具公司（Batesville Casket Company）創造成長時，面臨了總公司管理團隊、製造人員、供配中心經理以及原物料供應商的全面反彈。爲了讓管理團隊著重於品質的重要性，他在高階主管休息室放了一口滿是製造缺陷的棺材，大夥兒每天都免不了看到它。爲了讓製造人員與他並肩作戰，他花了好幾個鐘頭在工廠鼓吹策略、說明新製造流程的重要性。爲了取得供應商的最佳表現，他承諾加速付款，前提是供應商答應進駐倍思維爾工廠，在製造現場管理他們的庫存。他的個性強悍而嚴苛，一個不多說廢話的強硬派人士。但是，他希望公司取得勝利，激起了員工的熱烈迴響，倍思維爾最終在壽具產業建立了決定性優勢。

要贏得競爭優勢，員工必須勇於行動，永遠對現狀不耐煩。幸運的是，求勝心是可以培養的，軟骨頭也可以搖身一變成爲強硬派。不過，隨著競爭優勢的滋長，員工的求勝意志將越來越難以利用。「我們的頭號威脅就是自己，」西南航空的前執行長賀伯・凱勒赫（Herb Kelleher）在公司大會上對員工說道，「我們絕不可因成功而產生自滿、驕傲、貪婪、怠惰與冷漠之心，不可被無關緊要的事、繁文縟節、階級感和爭執佔據我們的心靈，也不可輕忽外頭這個世界所提出的威脅④。」

在警戒區外畫下明顯界線。施展強硬作風時，得時時留心自己是否闖進了「警戒區」（caution zone）——一個充滿可能性的區域，介於社會輿論挑明指出可以玩弄和不可以玩弄商業手腕的領域之間。在你涉險進入警戒區之前，你必須知道不被接受的區域在哪裡，然後為企業畫下明顯的界線，不得越雷池一步。畫下鮮明而顯著的界線，是領導者的職責所在。你不能要求員工在沒有獲得你明確指引的情況下，就貿然進入警戒區裡運作。因此，強硬派業者認真做功課，他們知道產業是冷酷無情的。他們聘請法律及會計顧問，幫助他們決定什麼能做、什麼不能做。領導者知道這條明顯的界線在哪裡，在公司即將越界時發出警告，一旦有人跨越界線便立刻採取補救措施。

警戒區的界線有時很難確立，領導者畫下的明顯界線有時擺錯了地方，組織則有時錯估了警戒區的所在位置。有人說微軟在警戒區裡鑽得太深，以至於經常跨越那條明顯的界線。好比說，由於無視於拒絕分享PC桌面的擁有權將使競爭者遭受多大的傷害，微軟讓自己陷入了官司纏身的窘境。不過，藉由強調顧客能因此種做法而獲得的利益，微軟又將自己拉回邊境之內；此舉無疑降低了競爭者及管理當局衆多法律攻擊所造成的衝擊。

強硬派業者在警戒區內操作時，必須格外小心。雖然區分合法與非法行動的界線明顯可見（但也並非總是如此），但是那條區分能見容於道德、社會，以及社會不容且可恥的商業行爲之間的界線，則難以詳加定義。社會能接受某些競爭行爲是商場遊戲的一部分，運用這些行爲不會犯什麼忌諱。舉例而言，在一切團體運動及商業活動中，「假動作」或佯攻都是一種標準的強硬派舉動。高科技產業運用假動作來欺敵——稱做「煙霧產品」（譯註：vaporware，指那種只聞樓梯響、遲遲無法上市的商品）——已行之有年；汽車業的做法，則是針對假的原型車進行測試或向媒體洩漏照片，藉此誤導競爭對手的方向。假動作是商業界認可的做法，擅於聲東擊西的高手則受到人們的崇敬與佩服。

許多做法是不合法的，或剛好處於非法邊緣，例如反競爭行爲以及回扣、賄賂、誹謗、恫嚇等惡劣作風。強硬派玩家決不觸碰此類活動，如果組織內有人涉及不法，他們會採取制裁行動。這就是吉列公司（Gillette）——一家試圖重振強硬心態的企業，向收取廠商回扣的採購經理吹哨子的原因·，該名採購經理後來被判處三年以上有期徒刑。

反省以下幾項問題，可以幫助你確認警戒區的範圍，在其邊界畫下明顯的界線：

·**提案中的行動是否違反任何法律**？如果違法，就別做它（這還用說嗎！）。強硬作風並非會計詐欺、在合約裡作文章、奪取商業機密或者制定掠奪性定價。

·**提案中的行動是否有益於顧客**？如果是，那麼就連法律上站不住脚的行動，都可能被法庭或管理當局所接受。然而如果無益於顧客，你就可能製造了一隊樂於助你垮台的抗議大軍。強硬派玩家決不藉著操弄或減損顧客而獲得競爭優勢。

·**競爭者會因這項行動而受到直接傷害嗎**？迫使競爭者陷入自殘的處境，是可以被接受的行爲；例如引誘競爭對手投資於他們毫無獲勝希望的領域。然而蓄意傷害競爭者——例如買下關鍵供應商、切斷競爭者的供貨來源，即便沒有違反法律，仍可能引發其他生意夥伴的圍剿。

·**這項行動是否觸及特殊利益團體的要害，因而反過頭來傷害公司**？有許多組織樂於透過抗議行動來表達他們的社會或政治立場。例如反對休旅車的團體，便在汽車經銷商進行大肆破壞；反對動物實驗的團體，則身穿兎子裝闖入吉列的商品上市發表會。此類行動會造成公關災難、傷害業績、破壞品牌名聲。

．**這項行動是否會引發正面的改變**？有時候，蓄意挑戰特殊利益團體、管理當局或其他組織以便改善業務環境或改變現狀、爲顧客帶來廣大的益處，是有其道理存在的。瑞安航空（Ryanair）不畏阻力挑戰產業規範，爲歐洲航空業的自由化催生。如今，顧客最低可以用解禁之前的十分之一成本，飛行於歐洲各城市之間。華特·瑞斯頓（Walter Wriston）擔任花旗銀行總裁時，向限制存款人在特定類型的帳户上賺取利息的銀行法規提出挑戰。這些人被他們相信有益於自己及社會的目標驅策著；此類強硬派玩家，可以挪動這條明顯界線的位置。

快速球策略

強硬手冊中的策略不勝枚舉，事實上，任何能夠提供競爭優勢的策略，就是一種強硬舉動。話雖如此，有幾項經典的強硬策略已經通過數十年驗證，用來創造競爭優勢特別有效，這些策略正是本書所要描述的：

正面迎擊：快、狠、準。雖然強硬派玩家寧可採用迂迴攻勢，但有時也會出其不意地發動正面攻擊，克敵制勝。動用強大且勢不可擋的力量，必須像猛力揮動鐵鎚一般——精準、直接而迅速。企業要是還沒準備好讓全副能量傾巢而出，萬萬不可使用這樣的力量；此外，企業也必須確保它相信自己擁有的競爭優勢，的確能爲行動提供實際奧援。在紙面上，企業所有事業單位的力量總和，看來也許比競爭者的更強大，但在戰場上，這些單位是否能同心協力且果斷地行動？

企業若選擇採取直接攻勢，也許有必要徹底整頓事業，以便釋放全副的力量。其過程也許像在扭轉一家原已成功的企業——一種讓已盤踞穩固地位的領導人深感不安、似是而非的狀況。唯有那些具有遠見及膽識的領袖，才可以發動這種大膽的、往往衆所矚目的強硬策略。

雖然動用的力量必須是強大的，然而要是過於強勢以致於徹底摧毀了競爭者，就不見得是一項明智之舉了。讓競爭對手苟延殘喘，也許勝過逼得他們聲請破產，導致他們勵精圖治、萌生復仇的渴望（詳見〈1正面迎擊：快、狠、準〉）。

反常現象的逆向思考。有時候，成長機會潛藏在一種乍看似乎與業務無關，或者與現行做法牴觸的現象之下。但是反常現象——例如特殊的顧客偏好、突如其來的員工行爲，或者來自其他產業的獨特洞見——可以指引通往競爭優勢、甚至決定性優勢的道路。

作風軟弱的業者往往忽略反常現象或試著鎮壓，因爲這些現象不符合標準做法。他們的資深經理通常將反常現象斥之爲個別案例或偶發事件；要以符合標準運作程序的方法經營事業，已經夠難的了，何苦還爲每個乖離現象而大傷腦筋？

然而，強硬派高階主管卻深能體會反常現象的箇中三昧。他們尋找方法挖掘反常現象的利用價值，詢問：究竟發生了什麼事？我們可以從中學到什麼？其中是否存在能引領企業邁入全新境界的洞見？

運用反常現象的關鍵所在，是將它從一樁罕見而獨立的事件向外延伸，運用在廣大的顧客基礎之上。企業流程與制度往往需要加以調整，才能支持與鼓勵異常行爲，進而達到成本、品質、時間與價值上的競爭優勢。企業也必須預期競爭者的反應，然後設法還擊或抵銷（詳見〈2反常現象的逆向思考〉）。

威脅競爭者的金雞母。所謂金雞母，是指一家企業最賺錢而且能穩定累積財富——就像一頭大熊儲備脂肪準備過冬——的業務範疇。某些情況下，作風強硬的企業可以藉由攻擊對手的金雞母而取得競爭優勢。這是特別有效的報復策略。當競爭對手蠢蠢欲動，打算侵入你的地盤，你便攻擊他肥滋滋的弱點予以回應。對方應該會很快理解這份訊息。

這也是一項高風險的策略。它可能讓你深陷於警戒區中，因此每次使用都必須考慮策略本身的法律意涵。競爭者也可能攻擊你的金雞母，一報還一報。他的財務資源可能比你料想的更殷實，或者背後有個「金主大爺」隨時能救他一命。你甚至可能得面對反競爭行爲的指控。因此，當你決定抓一頭熊開膛剖腹大開殺戮，打獵時最好帶著你的法律顧問隨侍在側（詳見〈3威脅競爭者的金雞母〉）。

借取構想成就創新。軟弱的企業樂於相信他們的聰明構想是神聖而崇高的；強硬派業者則比較實際。他們願意借用任何好的構想（至少是任何不受專利或其他法律保護的構想），藉此爲企業創造競爭優勢。

然而，作風強硬的借用做法不像表面看來那麼簡單，其中涉及的不只是剽竊構想而已，你還得設法改進它。一九六〇年代初期創立了凱瑪特（Kmart）的哈利·康寧漢（Harry B. Cunningham）承認，山姆·華頓（Sam Walton）在他的威名百貨裡「不只抄襲我們的概念，甚至還發揚光大。」你需要將構想融會貫通，然後移植於組織之中，並且說服你的人員接受它。光是巨細靡遺地複製構想是不夠的；問問那些曾經嘗試模仿西南航空卻飽受挫折的航空公司就知道了。

剽竊的對象，不必侷限於你的競爭者。你可以擷取某個區域市場的構想，然後移植到另一個市場，正如瑞安航空將西南航空的營運模式引進歐洲一般。你也可以在產業之間移植構想，如同倍思維爾壽具公司的做法；該公司將豐田的生產系統方法，運用到棺材製作上，讓一個行將就木的產業重現生機。

有些人在被扣上剽竊之名時，也許會畏縮退卻，但作風強硬的業者則滿不在乎。假使史提夫·賈布斯（Steve Jobs）對他在全錄（Xerox）帕洛阿圖研究中心學會的圖形人機介面視而不見，蘋果電腦就不會誕生。假使豐田喜一郎（Kiichiro Toyoda）沒有向福特學習及時生產的技術，豐田汽車不會在一九五〇年代超越它的死敵日產汽車公司，更不會在美國市場連番告捷（詳見〈4借取構想成就創新〉）。

誘使敵人退出主要戰場。有時候，你可以憑藉對自身業務及產業的優越知識，採取欺敵戰術，誘使敵人落入他們自以爲有利，其實反而會拖累他們的行爲。舉例而言，如果你對自己的成本瞭若指掌，你可以設定一個價格，誘使競爭者追逐他們以爲有利可圖的業務，但事實上卻會導致他們的成本升高、利潤降低。

誘使敵人進軍會造成其成本上揚的市場，是強硬競爭手段中最複雜、最邪惡的策略之一。它是一項高風險、背水一戰的策略，當運用在可能出現成本錯置的複雜業務上時，成效最佳。這當中有許多出錯的機會。關於商品、服務或顧客的實際成本與顯著成本之比較，你的分析——以及以此分析為根據的策略——最好正確無誤（詳見〈5誘使敵人退出主要戰場〉）。

打破市場成規。作風強硬的企業若要創造爆炸性成長，就必須打破市場成規，亦即發掘可以打破的妥協。所謂妥協，是指產業迫使顧客做出的讓步，而顧客之所以接受讓步，往往是因為他們相信這種做法舉世皆然——「事情向來就是這麼做的」。

電路城（Circuit City）的 CarMax 打破二手車零售業的妥協，方法是提供包含各種汽車品牌與車齡的廣泛選擇、利用電腦化庫存系統簡化搜尋工作，並且提昇銷售流程的效率，讓顧客可以在九十分鐘內開著新買的汽車揚長而去。CarMax 搶走許多傳統經銷商的飯碗，茁壯成長，取得超跑諸如 AutoNation 等後繼仿效者的反擊力量（詳見〈6打破市場成規〉）。

許多案例中，某些試圖運用典型強硬策略的企業，發現他們還沒做好適當準備，或者不具備發動攻擊所需的一切資源。有時候，企業要做好準備，以便發動其首選的強硬策略，最快最好的方式，就是購併另一家已具備所需能力或資源的企業。〈7購併創造優勢〉將討論如何運用購併行動；購併行動本身並非策略，而是推動強硬策略或鞏固競爭優勢的一大途徑。

強硬派戰場

在本書各章節中，我們意圖帶領你深入強硬競爭行爲以及強硬業者的世界，看看有哪些企業在何時、何地、以何種方式施展強硬手腕。我們所說的某些故事如今正在上演，其他故事則在數年前即已落幕。許多範例來自汽車業；每一則故事都揭露了強硬作風的不同層面。這些故事之所以獲得挑選，是因爲它們永不過時，可以跨越產業（今日及明日），而且最重要的，它們替經典策略勾勒出躍然紙上的實際面貌。陳述故事的時候，我們依據事實反覆推敲，爲的是呈現強硬作風所涵蓋的豐富意義。

強硬原則雖適用於各行各業，但是當企業將這些策略運用在可以建立大幅成本與能力優勢的產業時，成效最彰。在資本密集的產業中——例如航空、造紙與鋼鐵，成本或能力優勢的建立簡直難如登天。任何願意投資的人都可以取得資本設備時，人們便可以輕易地進入產業，成爲低成本的競爭者。以航空業爲例，幾乎任何一家公司都可以購買飛機、聘用經驗豐富的管理團隊、訂定低票價，然後開始飛行。這些競爭者也許能激起一時塵埃，然而一旦其他競爭對手爭相比照其定價或把價錢殺得更低，它所擁有的任何優勢不過是曇花一現罷了。唯有紀律嚴明的強硬派航空業者——例如西南航空和瑞安航空，才能夠創造並維持競爭優勢。

然而，在費用密集的產業中，企業可以搶在頭裡，比競爭者早一步進行投資，藉此達到非常難以複製且複製代價高昂（假使可以複製的話）的眞正優勢。你不能光買下幾家附設大型停車場的大型商店，就想媲美威名百貨的成本與能力優勢；你不能光買下一家汽車製造廠，就想生產足以和豐田一較高下的汽車。同樣的，維多利亞的秘密（Victoria's Secret）、英特爾和倍思維爾等企業所創造的優勢也是一樣；擁有再多的資本，都無法替你買到這些企業在知識、商品、系統、地點、人員、聲譽和關係等層面上的優勢。

贏得了強大競爭優勢——尤其是那些進一步創造了決定性優勢——的企業，往往享有比競爭者更長久的成功。優勢存在的時間沒有極限，我們也無法計算享有優勢的企業之平均壽命。企業若喪失決定性優勢，領導者往往難辭其咎；這有時候是嚴重錯誤導致的結果，但最常見的狀況，則是自滿和疏於調適所致。一家公司如果勇於翻新它的競爭優勢，也許眞的能享有長久基業，一如威名百貨、微軟、英特爾、豐田、佳能和其他衆多企業。

然而，不論置身於何種產業，強硬派業者不能以爲自己可以長年穩坐龍頭寶座而不遭受攻擊。各行各業都有聰明的競爭者，他們不用多久就能窺見你的成功，然後開始摸索分一杯羹的方法。

正因如此，施展強硬風格是全世界最難搞的行當。如果你的管理作風馬虎隨便，別試著玩這遊戲。如果你沒有持續增長知識以保持刀鋒銳利，別預期自己能在火線上待很久。你必須確保自己有一套專業的強硬裝備——包括成本標竿工具、競爭剖析能力以及顧客妥協分析模式——幫助你找出最佳的強硬舉措，並發展出敏銳的感應能力，嗅出競爭者可能採取的反制動作。最後，別以爲你可以一個人玩這場遊戲；強硬作風是一種團隊運動，你需要一個由顧客、供應商、員工以及你相信會實話實說的顧問團所組成的支援網路。

強硬作風也不是一場你寧可選擇的輕鬆遊戲。想要在下午五點以前回家？想要蒐集折價券？想要在中國造成你的業務問題之前告老退休？想得美喔！要打硬仗，你和你的組織必須深入「事務的核心」，須臾不離。你必須生活在岩壁邊，必須願意迫使你的競爭者受苦，也必須擁有高度幹勁以及維持衝勁的能力（詳見〈8持續改變的賽場〉）。

強硬派世界住著的是大無畏的勇者，而不是誇大不實的人。本書所描述的諸多企業，都是波士頓顧問集團的客戶。當我們披露他們的眞實名稱，表示書中的描述已經通過他們的審查認可了。書中刊載的許多人與企業，都已踏向新的境地與新的策略，因此不在乎洩漏資訊；這些資訊要是在事發當時走漏風聲，很可能會削弱與事者的地位。不過，書中提及的少部份業者，還沒準備好將他們的成功策略公諸於世，因此，出於尊重他們不欲人知的意願，我們隱藏了他們的身分、公司名稱以及所處的產業。

然而，所有故事都是眞實的。他們的一切成就都在這裡供你運用，幫助發展你自己的優勢，建立你自己的良性循環，並指引你邁向你自己的決定性勝利。

1

正面迎擊：快、狠、準

整合全面資源逼退競爭者

雖然強硬派玩家寧可採用迂迴攻勢，

但有時也會出其不意地發動

正面攻擊，克敵制勝。

動用強大且勢不可擋的力量，

必須像猛力揮動鐵鎚一般——

精準、直接而迅速。

雖然迂迴攻擊是強硬派業者的首選策略，但是有些時候，當一家企業擁有極其優越的資源時，便可以運用資源展開正面攻擊，把競爭對手殺得不知所措。通用汽車（GM）用過這一招；它在二〇〇一年憑藉雄厚的財務實力與低成本，為顧客提供零利率貸款方案，迫使福特及克萊斯勒跟進，最終讓這兩家競爭者遍體鱗傷。同樣的，一九九〇年代初期，菲多利食品（Frito-Lay）便發動龐大資源（尤其是它超群絕倫的供配系統），強力壓制了一家突然崛起的競爭對手——老鷹休閒食品（Eagle Snacks）。

然而，發動勢不可擋的強大力量，並不像聽起來那樣十拿九穩。意圖使出這種力量的企業，必須確保公司真的具備它自認擁有的資源，而這些資源隨時可以自由運用。

企業也必須願意以足夠的決心運用其資源。銀行裡有錢是一回事，開一張大額支票又是另一回事。業界領袖往往不願意使出強大力量，尤其當他們面臨的局勢並非立即攸關生死。坐享領導地位、充分榨取商品利潤、保持舒適自在，這樣的衝動是非常強烈的。

下定決心進攻市場的後起競爭者，可以一眼看穿業界領袖何時開始變得又肥又懶。後起之秀會迅速展開它的攻擊策略，滲透業界領袖的顧客基礎。假使佔據領先地位的企業疏於回應，後起競爭者將更使勁地推動攻擊。等到業界領袖注意到這項攻擊，不敢等閒視之的時候，恐怕為時已晚，無法及時整頓其強大資源迫使競爭者撤退。一夕之間，後起之秀掌握了競爭優勢，而業界領袖發現自己試圖以軟綿綿的武器打一場硬仗。

通用汽車起而奮戰

通用汽車最早是利用間接攻擊而取得決定性優勢的。一九一三年，福特透過其生產方法（即組裝線）創造了競爭優勢，一時執美國汽車市場之牛耳。福特能夠以低於其他競爭者的成本，達到其他競爭者所不能及的高產量。一九二〇年，通用總裁艾福瑞德・史隆（Alfred P. Sloan）判定，挑戰業界領袖的最佳方式，就是提供福特所欠缺的：多樣化商品。十年之內，通用汽車擠下福特，使福特落居第二。

時至一九五〇年代，通用汽車主宰了美國經濟，成爲全球規模首屈一指的汽車公司。一九五二年，通用總裁查爾斯・威爾森（Charles Wilson）在一場參議院委員會會議中，說了一段名言：「多年以來，我始終認爲凡對國家有益的事，即對通用汽車有益，反之亦然。」這家企業備受尊崇，甚至令人望之生畏。

到了一九七〇年代，歷經數十載市場領先地位之後，通用汽車變得作風軟弱且滿腹牢騷。原本的競爭優勢來源——製造史隆所謂「適合每一個荷包及每一種用途的車輛」之能力——似乎變成了競爭上的沉疴。通用汽車深受乏味且低品質車輛過度繁衍、品牌混淆以及高成本所苦。該公司高階主管呈現出高權威但欠缺活力的領袖特質，他們擁護現狀，卻挑剔自己享有的津貼與特權。當豐田發動間接攻擊，他們一時茫然失措，無力佈署手中的龐大資源。通用的市場佔有率節節敗退，公司拖著沉重步伐一路走向破產深淵，產業專家將他們棄如敝屣。

一九九〇年代晚期起，執行長李察・史密斯（Richard Smith）及其後繼者瑞克・瓦格納（Rich Wagoner）開始默默在幕後推動通用汽車的改革。產品品質逐步提昇，直到超越福特及克萊斯勒，有些車款甚至能接近日本標準。業界老將包柏・拉茲（Bob Lutz）也投入旗下，負責改造GM的設計。凱迪拉克大膽且有稜有角的外型，幫助它搶走宿敵林肯汽車的市佔率，然後進一步將眼光放在BMW及賓士車的市場上①。

瓦格納也成功改善了GM的現金頭寸。一九七九年到二〇〇〇年之間，GM陸續出售或關閉三十五家組裝、傳動系統與模具工廠，將作業轉移到更具生產力的廠房。在此期間，福特只出售或關閉四間廠房，意圖與工會維持和諧，避免罷工對他們最重要的利潤來源——小貨車事業——產生衝擊（維持和諧並非一項強硬策略）。因此在二〇〇〇年，GM十年來首度成為美國三大汽車廠中生產力最高的一家。它的每車組裝人工小時降至福特與克萊斯勒的平均水準以下，而且每年進步十七%。GM的現金頭寸、優越的生產力以及較低的成本，賦予它一筆雄厚的、隨時可動用的財務資源，任憑它投入選定的用途②。

ＧＭ在二〇〇一年九一一恐怖攻擊隔週，立即使出強大力量。他們在一項主題爲「讓美國繼續轉動」（Keep America Rolling）的廣告活動中宣佈，該公司將針對所有車款提供零利率貸款。消費者立即明白，ＧＭ準備提供幾乎免費的貸款讓他們購買新車。

在許多媒體和分析師眼中，零利率融資方案是步履蹣跚的汽車公司，情急之下孤注一擲的一招。「那是業界承受不起的成本，而且撐不了太久，」一名分析師如此寫道③。高盛證券的分析師嘖嘖表示，「老實說，我們不怎麼佩服，因爲那樣的銷售量肇因於極端且無法持久的誘因。我們相信極端的價格折扣是有礙生產力的，因爲今天以負現金流量出售的量，等於無法在明天以有利潤的價格出售的量④。」

儘管警告聲四起，瓦格納的強硬舉動仍爲通用汽車收到成效。雖然大多數分析師預測汽車業將在九一一之後的經濟震盪中陷入困境，然而零利率融資方案卻讓ＧＭ的業績一飛沖天——二〇〇一年九月的銷售業績，比前一年九月高出三十五％。事實上，美國整體汽車業都因這項舉動而獲益，創下了歷來銷售紀錄最高的一年。十多年來頭一遭，ＧＭ的市場佔有率破天荒地出現上揚。

雖然GM的強硬舉動，是以該公司龐大的財務資源爲基礎，但是另外三項因素的結合，才將GM的財務實力催化爲一股勢不可擋的強大力量。

首先，在宣佈零利率貸款方案的同時，GM有一大批新車款供消費者選擇。二〇〇〇年到二〇〇一年之間，該公司推出了十八種新車款，比福特跟克萊斯勒加起來的新車款還多出了一倍。即便在景氣低迷的市場中，GM的商品上市動作，仍能奪走福特和克萊斯勒的業績。分析師認爲某些業績是從GM二〇〇二年第一季及第二季的業績偷來的，他們的分析沒錯；但是，其中更多是竊取自福特與克萊斯勒的業績⑤。

其次，GM知道它的宿敵處於不穩固的財務狀態，而它比另外兩家車廠更能承受零利率貸款方案導致的負債壓力。當時，克萊斯勒正和戴姆勒賓士集團進行一場困難重重的合併案；福特則因 Firestone 輪胎造成的 Explorer 休旅車翻車事件，以及多種品質不良的車款滯銷，在利潤上承受著巨大壓力。福特的資本負債率（debt-to-equity ratio）幾乎是GM的兩倍，可用來償債的現金流量比GM低，而增額債務的成本則比GM高出六十%。

最後，瓦格納贏得了汽車消費者的情感優勢。雖然福特和克萊斯勒立刻仿效購車零利率方案——福特在兩天內，克萊斯勒在一週內；但是GM是最先站出來而且最積極的一家。儘管有些人視這項舉動爲利用國家創痛的無恥行爲，但許多人認爲GM是在美國經濟岌岌可危之際挺身而出。這項情感上的優勢幫助了GM：當時，福特或克萊斯勒都無法消除民衆對GM產生的情感。GM主導了情勢發展（不過，豐田及本田並未跟進，他們覺得沒必要大張旗鼓地加入這場零利率戰爭）。

競爭者宣稱這是一項魯莽的舉動，驅使產業朝錯誤的方向發展，不過，GM還是繼續推動方案，整個活動持續近兩年的時間。各大車廠的高層領袖一路走來怨聲載道，乞求盡快結束零利率貸款方案，並且力勸汽車業者降低對所有銷售誘因的倚賴。但是瓦格納不肯停止也不爲此道歉。「有許多人指指點點，也有許多人痛苦地絞扭雙手。我們打算繼續玩這場遊戲，這項策略對我們有效。」他說，這總好過「祈禱著、哀嚎著，然後看著自己跌進景氣衰退期⑥。」這項策略不僅有助於GM，還嚴重削弱了它的競爭對手。福特因爲必須長期緊跟GM的零利率貸款方案，眼睜睜看著公司的標準普爾（S&P）債券評比跌到接近垃圾債券的地步。這是格外醒目的預兆，因爲福特是最主要的公司債發行企業。

要追上豐田在汽車業的實力，GM仍有好長一段路要走，但是讓福特及克萊斯勒命垂一線之間，確實幫助良多。

菲多利運用強大的供配力量鎮壓偷襲

鹹味零食——例如洋芋片、玉米片、墨西哥玉米餅（tortilla chip）和鹹脆餅（pretzel）——也許看似一個溫吞產業，但是超級市場可是競爭激烈的戰場。雖然菲多利目前是其母公司——百事食品（PepsiCo）的賺錢機器，佔領六十%的鹹味零食市場，而且毛利率高於五十%，但是在一九九〇年代期間，當老鷹休閒食品公司突然發動一場間接攻擊時，菲多利差一點就失去它所享有的領導地位⑦。

長期以來，菲多利在「鹹點」（這是內行人對鹹味零食的暱稱）市場握有決定性的優勢，此優勢奠基於該公司門店配送系統（store door delivery system，簡稱SDD）優越的運輸路徑經濟結構（route economics）。所謂門店配送系統，是指將新鮮食品從工廠運送到商店門市並且擺上貨架的過程。相對於少數幾次將大批貨物運送到批發商或大型零售商的貨物裝卸區，將少量的新鮮（而且脆弱）商品直接送到為數眾多的零售門市，是對後勤系統的一大挑戰。一九六一年，領先的玉米片品牌話匣子（Fritos）和領先的洋芋片品牌樂事（Lays）進行合併，造就了菲多利（Frito-Lay）的誕生，從那時候起，該公司便一直設法讓這套配送系統趨於完美。一開始，他們就學會在顧客購物的地方挹注資金。

門店配送系統的關鍵成本因子，包括批貨規模（載貨量的多寡）、路徑密度（一條配送路徑上有多少個零售點）、系統效率（裝貨與卸貨速度、訂單履行流程、破損量）、零售點的貨品週轉率，以及路徑業務員的成本。菲多利選擇付給業務員高於競爭者的薪資，因此這項成本高於業界平均。不過，該公司在其他成本上創造了大幅優勢，加起來每一包一塊錢的鹹味零食，就有高達十五分錢的優勢。

路徑經濟的優勢，為菲多利啓動了一個良性循環。它擁有比競爭者更高的利潤，因而掌握較豐厚的資金可投資於商品品質與消費者廣告，同時仍能保有可觀的利潤率。這些投資幫助菲多利銷售更多洋芋片，因而進一步改善它的路徑經濟、創造更高利潤贊助更多檔廣告，凡此等等。菲多利的競爭者處於挨打的劣勢，被迫陷入負面循環。他們賣出較少的洋芋片，路徑經濟江河日下，可投資於商品與廣告的資金愈來愈少；要追上菲多利，似乎難如登天。

到了一九八〇年代尾聲，菲多利擁有超過一萬名業務員，服務三十二萬五千多家超市、大型零售商、便利商店和自動販賣機。業務員替商店門市補充存貨，並且將商品推向走道及貨架上最有利的位置。他們將包裝袋「膨風」，讓菲多利的商品看起來比競爭者的包裝更吸引人。這套公式效果奇佳。美國西南部的某些雜貨店賣出許許多多菲多利商品，該公司足以負擔在各家商店指派一位專門的全職業務員，確保貨架上永遠有適當的存貨量與商品。

多年以來，菲多利充分發揮優勢，使其成爲決定性優勢，賺取更高利潤與更大的市場佔有率。

競爭者氣沮於無力打破菲多利的良性循環，轉而訴諸作風軟弱的戰術。他們向國會議員打小報告，投訴一項叫做「上架費」——廠商爲了讓新商品上架而付給零售商的一筆費用——的業界慣例（事實上，廠商付給大型連鎖超市的通路促銷費用，佔了連鎖超市總利潤的一百%以上）。司法部門展開調查，但沒找到任何違法事例。

這項軟弱的戰術只成功證明菲多利雖作風強硬，但仍謹守遊戲規則。

沉淪於軟弱之路

這些年來，菲多利繼續在商品線上增添許多風行一時的品牌，包括波樂（Ruffles）和多利多滋（Doritos），但公司成長終究慢慢趨緩。爲了開拓新的銷售與利潤來源，他們決定進軍不同的商品市場．曲奇餅（cookies）跟薄脆餅（crackers）。

遺憾的是，菲多利設計精良的門店配送系統，雖然能以高度效率處理新鮮而脆弱的商品，卻不適合運送曲奇餅跟薄脆餅。它們是質地較堅硬的零食種類，不容易破裂，而且較能承受留置於倉庫棧板上的時間。菲多利的門店配送系統旨在迅速運送小批貨物到許多零售店，對於曲奇餅跟薄脆餅而言，這樣的運送成本太昂貴了。

菲多利爲了讓曲奇餅和薄脆餅動起來而傷透腦筋。業務員深感挫折，因爲這兩種餅乾佔了卡車上的珍貴空間，但在貨架上的週轉速度卻無法像鹹點那麼快，因而降低了利潤率。也就是說，這兩種新商品線意味著更繁重的業務員工作；他們必須管理三倍於以往的貨架空間，儘管新商品增加的銷售量不到二十％。銷售、一般及管理成本紛紛上揚。爲了彌補曲奇餅與薄脆餅商品線造成的虧損，管理階層大幅提高鹹味零食的售價，並且推出許多最後一敗塗地的新商品。還記得O'Gradys焗烤口味厚片洋芋嗎？大概不記得了吧。

不過，如同GM在一九八〇年代的經營團隊，菲多利的高階主管也拒絕承認現實。該公司總部搬到達拉斯一棟大手筆興建的新大樓，裡頭附設高階主管專屬餐廳、健身俱樂部以及一面人造湖；再加一座壘球場恐怕也無妨。

安豪塞布許（Anheuser-Busch，簡稱A-B）集團堂堂登場。仗著他們風靡全球的啤酒品牌——百威（Budweiser）、麥格（Michelob）和布許（Busch），A-B在美國啤酒市場上的權勢，絲毫不遜於菲多利在鹹味零食市場上的地位。他們佔有將近四十%的啤酒市場；在各個有賣酒的商店、餐館和酒吧都設有據點；其經銷商勢力強大且利潤豐厚。

A-B有一個規模不大的鹹味零食事業，主力商品是蜜糖花生。當菲多利因曲奇餅而分散注意力，進而在鹹點市場鑄下錯誤之際，A-B見到突襲的大好機會；這個產業規模龐大、利潤高而且只有一家眞正的全國性業者。A-B擁有一個強大的啤酒供貨系統，他們認爲可以用它來對抗菲多利。他們在超市通路的路徑密度可與菲多利媲美，而在小型零售通路上的密度也幾乎追得上菲多利。更何況，鹹味零食跟啤酒是絕佳的商品搭檔，消費群高度吻合。

安豪塞布許在一九八二年推出老鷹品牌，該品牌在一九八九年遍及全美，供應洋芋片、玉米片、鹹脆餅和他們的蜜糖花生。

老鷹推動一項精采的間接策略。在多位前任的菲多利業務與行銷主管協助之下（當初聘用這些人，明擺著就是要迎戰菲多利），它決定不要攻擊菲多利的事業核心：超級市場。相反的，老鷹在邊陲據點展開突襲。該公司向航空公司推銷老鷹休閒食品，藉以刺激試吃率（飛行經驗豐富的旅客，一定會記得那些小包裝的老鷹蜜糖花生）；他們賣給酒吧和小酒館，與生俱來的商品契合度立刻獲得消費者接受。早期試用奠定了老鷹的高品質形象。接著，老鷹將目標對準規模較小的超市和雜貨店；這些通路不像大型客戶那樣買菲多利的帳。然後，老鷹開始打廣告。菲多利的每一項商品都有屬於自己的獨特品牌，老鷹則不同，它以單一品牌貫穿所有產品線。它可以在一支品牌廣告中促銷所有商品，省下數百萬的廣告經費。

老鷹的攻擊暴露出菲多利的另一項弱點：洋芋片品質。對菲多利而言，洋芋片的利潤率遠遜於多利多滋和話匣子玉米片。由於曲奇餅及薄脆餅的失利造成利潤損失，菲多利遲遲不願投資經費提昇洋芋片品質。如今，在一項不具名的口味測試中，消費者認爲老鷹洋芋片的味道勝過樂事洋芋片。更難堪的是，揭露品牌之後，樂事洋芋片的口味測試評分還要更低。這表示消費者不僅認爲商品口味有問題，也對品牌產生了負面觀感。樂事開始在市場上節節敗退。

德州布蘭諾市的菲多利總部中，開始展開一場討論：在喪失洋芋片市場或投資改善商品品質之間，究竟何者產生的財務衝擊力較大？隨著老鷹一步步地奪得市場佔有率，這場討論逐漸加溫成了辯論。老鷹不僅在市場上攻城掠地，也成功製造敵營的內部紛爭。

老鷹知道自己在做些什麼。他們在一項「借取構想爲己所用」的行動中，延聘多位菲多利離職員工加入商品發展部門、經營工廠、管理行銷活動。這些加入老鷹的管理人員對菲多利的流程瞭若指掌，甚至比菲多利自己的員工還更淸楚狀況。事實上，老鷹管理團隊在菲多利的工作年資，加起來比菲多利管理團隊還長。正因如此，老鷹能以別人所不能的速度與效率回應菲多利的動作。例如，如果菲多利有新的馬鈴薯商品問世，老鷹能在四週之後推出仿效品並擺上貨架；了不起的反應速度。

到了一九九一年，老鷹已在鹹味零食市場奪取六%的佔有率。安豪塞布許宣示該公司有長期經營這項事業的決心，並爲他們令人振奮的新品牌訂定野心勃勃的成長目標。

接著，老鷹展開一項大膽但終究功敗垂成的行動：它決定向菲多利發動正面攻擊，推出與多利多滋直接打擂台的墨西哥玉米餅商品。多利多滋曾是（也仍舊是）菲多利最大的品牌，它是百事食品企業最賺錢的全球品牌，也是該公司最有價值的資產。

不過，多利多滋實在是太誘人的攻擊目標了。老鷹的經營團隊根據他們自己的菲多利經驗，明白多利多滋是多麼肥的一塊肉。老鷹的經理人針對各個市場進行分析，假如在玉米餅市場的佔有率，能夠跟他們在洋芋片市場的成績差不多，那麼公司能賺多少？答案是很多錢。最重要的是，經營團隊深知多利多滋是菲多利的金雞母，菲多利隨時都可以運用從玉米餅賺來的龐大利潤，粉碎老鷹在洋芋片市場的攻勢。只要菲多利的實力一日不減，老鷹將不堪一擊。

要是老鷹持續在菲多利財務中樞的邊緣遊走，它應該可以逐步鞏固地位而變得非常難以撼動。菲多利甚至可能認爲割讓洋芋片市場，比花錢改善商品品質來得划算，如此一來，A-B就可以在此達到競爭優勢。向多利多滋發動正面攻擊，反倒搖醒了沉睡中的巨人。

菲多利重振競爭優勢

百事食品召來集團內最優秀的人才，因應多利多滋面臨的威脅。一九九一年一月，羅傑·安利可（Roger Enrico）接掌菲多利執行長一職。他曾在百事可樂與可口可樂大戰中揚名天下，當時，他成功讓全世界相信百事可樂比較好喝，使得百事可樂成了美國超級市場上最暢銷的軟性飲料。安利可知道如何施展強硬手腕，對戰場狀況也知之甚詳。

安利可擔心，倘若默許老鷹食品搶下鹹味零食市場的十%，這個突然竄起的競爭者將開始從菲多利享受已久的良性循環中獲利。安利可不能容許A-B建立這樣的地位。但是如何讓菲多利恢復強硬身段？從哪裡著手？

儘管老鷹成就不凡，但菲多利仗著如此長遠的高度成功，一直有辦法掩飾受創的徵象，忽略日漸狀大的威脅。除了洋芋片爭議之外，其他危險可以輕易解除。不過，安利可深知，決定性優勢就像洋芋片一樣脆弱。菲多利涉足曲奇餅銷售區時已經走錯一步，再次失足就可能導致災難。安利可的責任，是要讓公司衷心相信他們正遭逢危機，並且讓組織動員起來。他面臨企業管理最艱鉅的挑戰之一：扭轉一家成功的公司。

安利可首先仔細研究他的新公司，發現菲多利基本上是個非常健全的組織。「我們擁有絕佳人才，」他說，「我們的體質完善，員工士氣高昂。」問題是，「每個人的絕佳表現都浪費在毫無意義的玩意兒上頭。」

儘管如此，要說服經營團隊——甚至董事會——相信老鷹造成了嚴重威脅，仍然困難重重。「一名董事對我說，『何苦製造對抗老鷹的戰爭心態？他們只佔了六％的市場而已』我對他說，『市場佔有率只往兩個方向移動：往上或往下。我們的正在往下掉。』」安利可提到一九五〇年代左右，當時可口可樂的市場佔有率七倍於百事可樂。「你難道不認為，如果可口可樂能夠重回一九五〇年代，他們的做法會有所不同？」他問道。

某些管理人員的妄自尊大，起因於菲多利過去成功擊退任何膽敢涉足鹹點地盤的競爭者。菲多利曾經擊敗其他食品巨擘派來挑釁的商品，手下敗將包括通用麵粉（General Mills）、寶鹼（Procter & Gamble）和通用食品（General Foods）。「但是安豪塞布許不一樣，」安利可說，「他們知道如何經營超市貨架，也懂品質與製造。他們是了不起的行銷人員，而且他們有現金可以燒。」

既往的成就在組織內部營造了某些信念。「我們以爲我們的品質無人可比，其實不然，」安利可說，「我們以爲沒有人能夠擊敗我們的經銷力量，但我知道他們可以。」安利可沒辦法讓他的人員明白，丟掉八%的市佔率茲事體大。「我坐在工廠會議中，人們看我的眼神彷佛我是從火星來的，」安利可說，「最後，製造部主管告訴我，我們的組織只回應那些足以『搖晃大樓』的事情。如果某個月份沒有達到利潤目標，那的確足以讓大樓產生搖晃，但丟掉市場佔有率不會激起任何耳語。」

於是安利可明白，他必須讓這項威脅聽起來既眞實又迫切。在一次大型演講中，安利可告訴員工，組織正陷於「漸進主義的肆虐」。要擊退老鷹的挑戰、重振菲多利的品質優勢，「在大事上進行大刀闊斧的改變」勢在必行。在大事上做小改變是危險的；你覺得自己彷佛有所進展，其實不然。而在小事上做小改變只是浪費時間而已。

安利可定義需要大改變的大事情。他強烈要求員工：

・落實品質。

· 收回路權。
· 尋找更好的方式。
· 攜手追求勝利。

安利可首先將重心放在顧客經驗——「落實品質」。然而，改變一個相信自己生產高品質洋芋片的組織，實非易事。在一次工廠視察中，他問一位負責炸洋芋片的作業員：「生產好的洋芋片需要什麼條件？」她回答：「我本人。」安利可明白，他們並沒有明確或一致的標準，可以用來定義「好的洋芋片」。況且，工廠的品管系統全都表示品質沒有問題。「品管報告在在顯示，凡事都已達九十九點九%完美。」安利可這麼說。然而問題是，品管系統將六種不同特質的檢測成績混在一起平均計算。就算某項特質差得離譜，也不會對報告產生重大影響。

安利可和他的團隊訂出洋芋片的「黃金標準」——一個呈現最佳洋芋片各種理想特質的商品。他們每個月向工廠寄發一包達到黃金標準的洋芋片，各廠廠長和作業員則在一個梯次的工作結束後聚在一起，瞧著它們、分析它們、拿它們和生產線上剛做好的洋芋片品頭論足一番。他們也研究競爭者出產的洋芋片。

該公司還在各廠設立消費者審議會，由前來工廠的外界人士組成，負責拿菲多利洋芋片和競爭商品進行比較，然後予以評分。「廠方人員痛恨這項舉措，」安可利說，「他們討厭被人比短論長，而最後竟比競爭對手遜色。」沒過多久，廠方人員開始搶佔先機。他們在召開消費者審議會之前，搶先走出工廠購買競爭商品，自行分析一番，然後調整流程，俾使樂事洋芋片勝過市面上最傑出的品牌。不一會兒功夫，樂事的製造人員便深深投入品質管理，定期舉行口味測試，同時設立了一面用來展現成果和成就的「品質牆」。

安利可及其經營團隊密切關注各項品質活動的發展。菲多利各工廠出產的商品——話匣子、樂事、多利多滋和奇多，每週都會送一批樣品到安可利的辦公室。安可利會同其經營團隊一起品嚐與評估各項樣品，他們成了評價商品各項質化元素的專家。洋芋片的曲度是否正確？長度是否標準？顏色是金黃色的嗎？口味是否鹹淡適中？「我已經培養出相當靈敏的鹹點味覺，」安利可說道。

他們經常發現問題。好比說，某幾批話匣子玉米脆片樣品有不好的「口感」——少了叫人喜愛的脆度或鹹味。他發現某些廠房爲了省錢而偷斤減兩。玉米脆片的配方中，要求油脂含量達到總重量的十八到二十％，但廠房降低油脂含量來縮減成本。這確實達到節省成本之效，但同時也減損了商品的口味。安利可一發現他眼中的次級品，便親自致電工廠廠長表達不滿。

黃金標準、品質活動和事必躬親的態度使得品質達到提昇，但安利可仍不滿意。菲多利計劃讓樂事洋芋片浩浩蕩蕩地重新上市，新士題廣告定於元月超級盃足球賽期間進行首播。冬季並非生產洋芋片的最佳時機，因爲不是馬鈴薯的當令季節，入廠的原料品質不如夏日期間那麼精良。但安利可正基於這項理由而選擇在冬季重新上市——突顯達到黃金標準的樂事洋芋片和正値冬令慘澹季節的競爭商品，在口味上的高下不同。重新上市的日期越來越逼近之際，商品品質仍然未臻理想，安利可要求製造部門朝更高標準努力。他們調整廠內的自動品管系統以便淘汰更多商品，但某些不良品仍闖關成功。「你們還搞不清楚，」安利可對他的製造經理如此說道。他要求他們調整系統，只留下黃金標準商品，其餘盡皆淘汰。他們照辦如儀，報銷價值三千多萬的商品。那年冬天有許多牛隻被樂事洋芋片餵得飽飽的。

「我知道這會讓工廠那些傢伙抓狂，」安利可說。工廠廠長不喜歡淘汰商品，也無法容忍廠內有次級品存在。於是他們設計一套新的馬鈴薯採購制度。相對於向零售商進貨，他們直接跟種植馬鈴薯的農民簽約，要求農民爲品質負責。

安利可固然堅持不得爲了省錢而犧牲品質，但仍想辦法節省管理上的開支。他在一九九一年重整組織，意圖刪除一百萬元成本。他需要保持價格靈活，也需要停止仰賴鹹味零食的高利潤來負擔組織居高不下的成本。他裁掉菲多利二十五%的管理與行政職。許多人說這是一項危險的舉動；砍得太多、太削入骨裡，會使組織的創新能力至少癱瘓五年，然而要是砍得不夠深，競爭能力依舊會因高成本結構而有所妥協。其他人批評這項舉動，表示安利可刪減成本的緣由，只是爲了達成該年度的利潤目標。「但是我們花了整整一億美元改善業務。頭一年，我們沒有達成利潤目標，但確實提高了業績。」

安利可著手進行第二項重大改革——收回路權。他讓組織重新聚焦在公司最主要的競爭優勢：它龐大的鹹味零食配銷力量。安利可下令停產大包裝的曲奇餅和薄脆餅，只留下一人份包裝的品項，整個菲多利產品線的庫存單位（SKU）數量總計刪掉了三十%。此舉大大改變業務員的生活，讓他們回歸原本的成功方式。萬名業務員得到釋放，將全副力量投入鹹味零食的配銷上。他們又可以在貨車上淨塞些快速流通的品項；他們少了許多回收過期商品的工作；他們可以分配更多空間給最暢銷的商品，降低市面上缺貨的狀況。

安利可的第三項重大改革亦成就非凡——尋找更好的方式，尤其在各功能部門的實務做法上。身爲行銷專業人士，他熱切渴望重導公司的行銷力量，回歸於鹹味零食上。

他發現菲多利建立了七個區域性的行銷作業，以便品牌行銷人員爲大型零售商（例如Safeway超市）提供更完善的促銷與貨架陳列支援。然而隨著時間發展，這些區域性行銷單位也開始得到資金從事消費者行銷，包括廣告在內，用來刺激該區域個別商品與品牌的成長。在安利可看來，這種行動就是在大事情上搞小動作。「前線行銷是個笑話，」他說，「前線人員看不到深刻的消費者洞察。」正因如此，區域性行銷活動從來沒有足夠的力量或勁道，可以突破全國性廣告的重圍脫穎而出。公司上下把這項花費戲稱爲「兎兒行銷」（用「兎兒」形容的任何事，都可被視爲小動作）。在一次突擊中，安利可廢除所有兎兒行銷。他認定消費者是公司總部責無旁貸的重心，區域行銷單位應該回復原來的角色，給予零售商一切必要支援。「我們讓前線負責利潤計劃，總公司則負責資產負債表。」

安利可還在菲多利的商品管理流程中，找到一個重大的成本縫隙、時間黑洞兼創新障礙。每當有人提議一項改革或創新——例如在包裝、口味或價格上，品牌小組必須通過一道繁複程序，稱爲二二二七（這是提案取得核准之前，內部需要簽發的文件數量）。改革的本質與理由必須詳加闡述，然後附上十二個簽名欄，供十二個部門主管簽名核准。倘若得不到十二個簽名，改革便會胎死腹中。當初創造這道程序的緣由，是爲了確保所有部門能在改革推行之前獲得知會，但它本身儼然成了一套官僚制度，最適合用來說「不」。二三二七程序的實行已十年有餘，公司甚至聘有全職員工，唯一的份內工作就是管理這道程序。

安利可破除這整椿陋習，新商品管理流程取而代之。品牌小組一塊兒制定整季的行銷計劃，包括所有促銷、特別活動，以及包裝及產品上的改變或推出，各部門繼而配合門店配送系統，確保執行上毫無瑕疵。

瞄準安豪塞布許

安利可的內部改革讓公司徹底改頭換面，為了確保菲多利的資源進入備戰狀態、隨時可以展開佈署，這樣的改變是不可或缺的。「我們的『實力佔有率』遠超過我們的市場佔有率，」他說，「我們囊括了業界九十％的研發人才、八十％的行銷人才，但我們只佔有四十％的市場。我們的能力運用嚴重不足，我們事事優化，卻毫無發揮。」

但是如今剷除了分散兵力的品項，提昇了鹹點商品品質，控制住成本且調整了程序，安利可可以發動菲多利在商品發展與行銷實力上勢不可擋的強大力量——尤其是供配系統的力量，一萬多名的業務尖兵。

爲了支援攻擊，安利可錦囊之中有兩招強硬妙計。首先，他調降價格，攻擊競爭者於不備。前面十年裡，菲多利帶領著產業價格一路上揚，一開始是爲了配合或預先防備通貨膨脹，之後則爲了彌補失敗的或表現不佳的新商品造成的損失。菲多利的競爭者已經習於這張價格大傘，在它的庇護下感到安逸自在。儘管他們的成本結構遠高於菲多利，但仍能在削價求售之際保有利潤。

安利可啪的一聲收了傘，許多競爭者淋得一身濕。Granny Goose、Cains 跟 Borden 這類地方業者在三年內關門大吉，菲多利因而重拾市場佔有率。這是一項強勢的舉動，殺入警戒區邊緣卻沒有越雷池一步。這是侵略性定價（aggressive pricing），卻不是掠奪性定價（predatory pricing）。降價範圍橫跨所有商品、所有零售商和所有區域，而不是在特定情況中以特定競爭者爲標靶的行動。

安利可還替老鷹準備了另一項特殊驚奇。據當時擔任老鷹行銷首長的史蒂夫・英格蘭德（Steve Englander）說，「菲多利絕對找不到老鷹的防護要害，要是被他們摸清楚罩門，菲多利不一會功夫就可以把老鷹驅逐出境[8]。」

安利可明白，攻擊老鷹的商品品質毫無益處，因爲樂事洋芋片可能會輸。菲多利也不見得能靠廣告擊垮老鷹，因爲老鷹如今已站穩步跟且廣受敬重。安利可總結，他可以結合兩項強硬策略：發動菲多利的強大力量，毀滅老鷹最重要的金雞母——超市業務。失去這隻金雞母，老鷹的事業將搖搖欲墜，因爲光靠航空公司和酒吧的生意是活不下去的。歸功於內部整頓，安利可的路徑業務員如今多出三十%的時間來推銷和運送鹹味零食——相當於增加九百名新員工的功效。菲多利猛力一擊，從老鷹手中收回了路權。

安利可激發員工的求勝意志，他有一張以老鷹的食品商標爲主題，其上印著一個禁止標誌（斜線劃過其中的圓形標誌）的踩腳墊。在菲多利的年度大會中，這張腳墊被放在每個房間的入口處，讓人們將老鷹踐踏在腳底下。組織上下創造了各種版本的「頹喪老鷹」，和戰機飛行員一樣，當工廠作業員爲了在每月例行的口味測試中擊敗老鷹而奮力工作時，就將「頹喪老鷹」貼在他們的機器設備旁；送貨司機出門補充商店存貨順便嚇老鷹一跳時，就將「頹喪老鷹」貼在卡車門上。

安利可還對安豪塞布許略施企業層級的強硬手段。當時，百事集團會替競爭對手生產、供應罐裝飲料，而百事旗下的必勝客（Pizza Hut）也在各分店銷售百威啤酒。安利可向百事集團總裁韋恩・卡洛維（Wayne Calloway）施加壓力，要求公司與安豪塞布許斷絕關係。

安利可在一九九三年離開菲多利，榮升百事集團的副總裁，但他的繼任者史蒂夫・

雷尼蒙（Steve Reinemund），仍以同等決心以及甚至更遠大的目標執行強力策略。雷尼蒙準備接掌菲多利之前，花了兩個月時間遠赴前線拜會客戶、業務團隊以及工廠和供配中心，並且和消費者深入交談。視察之後，雷尼蒙深信安利可制定了一套絕佳策略，只是仍有更大的發揮空間。「七至八%的業績成長足以讓我心滿意足，」安利可說，「但史蒂夫認爲自己可以拿出二位數字的成長佳績。」安利可懷疑是否可能，但雷尼蒙言出必行，實現了他的諾言。對老鷹來說，這眞是一樁壞消息。

最後，老鷹再也無法承受菲多利摧枯拉朽的千鈞之力，這股力量是由強化的商品質、較低的價格以及龐大的供配組織凝聚而成，並且藉由百事集團透過老鷹的母公司——安豪塞布許所施加的壓力，得到進一步強化。到了一九九六年，菲多利收復四%市佔率，遏止了老鷹的品牌成長趨勢。而當安豪塞布許拉下老鷹大門之後，菲多利買下了它的四間廠房。

菲多利的故事，是一個令人印象深刻且行動果決的故事，也是企業運用強大力量的經典範例。

運用力量需小心謹慎

力量的運用有時可能反過頭來傷了自己。舉例來說，假使推行這項策略的企業欠缺成本優勢，也不具備商品優勢——或至少可與競爭者匹敵的商品時，這就可能是一項危險的策略。當這些優勢付之闕如，競爭者可以運用誘人的新方案、更好的商品或更低的價格，減弱企業的攻擊力道。

力量的運用也可能玩得過火，造成令攻擊者不快的結果。假使施展的力量大到讓競爭者慘死輪下，它很可能可以尋求破產法的保護。這樣一來，它就會有足夠的時間和能力重新簽訂有利於它的合約，並且擺脫累贅的資產。競爭對手很可能在破產後浴火重生，變得比以往更健全、更精簡，蓄勢回擊或施展它自己的迂迴戰術。一般而言，最好運用恰足以削若對手的軍力，不要徹底消滅它。

最後，運用強大力量的業界領袖，自然而然成了競爭抗議、負面報導和法律調查的目標。勢不可擋的強大力量，只適用於願意花時間蒐集完善的市場情報，並且小心翼翼避免濫用市場力量的企業。要是你被控犯罪，在官司中為自己辯護，本身就是一件分散力量的事，它會吞蝕你的資源，也會對品牌聲譽造成負面影響——即便最後證明自己清白也無濟於事。別讓這種事情發生。

不過，企業要是具有強大資源、有能力讓資源進入作戰狀態、有意願運用資源，並且有足夠自制力避免自己成了惡霸，運用勢不可擋的強大力量，確實是最有效的強硬策略之一，對於旁觀者和參與者而言，很可能也是最刺激的策略之一。

「樂趣十足，」安利可說，「那肯定是我事業生涯中最精采的一刻。」

2

反常現象的逆向思考

全新事業的構想種籽

成長機會潛藏在一種乍看似乎與業務無關，

或者與現行做法牴觸的現象之下。

反常現象——例如特殊的顧客偏好、

突如其來的員工行爲，

或者來自其他產業的獨特洞見——

可以指引通往競爭優勢、

甚至決定性優勢的道路。

有時候，成長機會隱藏在一種乍看之下似乎跟策略、業務或成長毫不相干的現象背後——例如特殊的顧客偏好，或是看似脫軌的員工行爲。強硬派業者知道此類反常現象可能蘊藏著新事業的構想種籽，於是想盡方法挖掘它們的利用價值。

「反常現象」是一種不合規則、悖離常規的現象。反常商業現象的一個絕佳範例，是由一位名叫喬・吉拉德（Joe Girard）的老兄發現的。根據金氏世界紀錄所載，以汽車銷售量來計算的話，吉拉德是全世界最偉大的汽車推銷員；哈里・貝克威（Harry Beckwith）稱他是「銷售業界的米開朗基羅和老虎伍茲」①。吉拉德所著的《如何推銷任何商品給任何人》（*How to $ell Anything to Anybody*）一書中，描述他所謂的「二五〇法則」，也就是說這世上每個人至少認識兩百五十個人，並且對這些人擁有或多或少的影響力。吉拉德的銷售模式，就建立在二五〇法則上。他的方法是找出對他們的兩百五十位遠近朋友特別有影響力的人——例如工會頭子、社團領袖或知名企業家，然後使盡渾身解數讓這些人成爲滿意的顧客；他們會幫忙做很多吉拉德份內的推銷工作②。

吉拉德在參加底特律的一場喪禮時，遇到了一樁反常現象，由此導出他的二五〇法則。每個前往殯儀館弔唁的賓客，都收到一張祝禱卡。和吉拉德以往參加的喪禮不同，這次的祝禱卡上印著往生者的照片。身爲一名推銷員，吉拉德忍不住納悶這些卡片的經濟結構。它們的印刷成本，鐵定高於沒有印照片的卡片，而且顯然無法回收使用。吉拉德很好奇，殯儀館館長究竟是如何決定要印多少張卡片的——印得太少會造成場面尷尬，印得太多又會浪費金錢。喪禮結束之後，吉拉德找到殯儀館館長，詢問他如何決定印刷數量。館長把他的觀察心得告訴吉拉德。在他多年來為各式各樣的人主持喪禮的經驗中，每次都有大約兩百五十人在登記處簽名。

反常的祝禱卡讓吉拉德印象深刻，他相信如果有兩百五十人參加某個人的喪禮，那麼逝者在世時，必定對這些人有某種程度的影響——也許足以影響他們買哪一種車，或者向誰買車。喪禮過後，吉拉德開始思考每一位可能成為主顧的人，不只把他們視為一名顧客，也是通往另外兩百五十位潛在顧客的窗口。正是這種態度，他說，讓他成為世界上最多產的汽車銷售員。

這就是發現反常現象並挖掘其中利用價值的力量。

不過，大多數反常現象都未受注意，或甚至被刻意忽略。組織試著包容或壓制它們，正因為它們脫離常軌；若對它們抱著欣然接受的態度，恐怕會瓦解整個標準作業程序。資深主管得知反常現象時，一般會將它們斥之為個別案例或偶發事件；就算不需要為每個乖離現象大傷腦筋，日常業務的經營就已經夠難的了。

眞是太可惜了。反常現象有時可以透露出顧客眞正想從你身上得到的是什麼，也可以讓你一窺組織眞正能達到的成就。留神關注反常現象，也許能指引你把事業目前的某個角落或縫隙發揚光大，因而找到拓展事業的重大良機。

挖掘反常現象的利用價值也許很難——把一樁侷限一隅的現象拉抬到更龐大的規模，或許需要調整業務流程或制度，以便支持並鼓勵這項新行爲，進而達到成本、品質、時間和價值上的競爭優勢。

然而，強硬派高階主管不會忽略或斥退反常現象，他們深入挖掘、想辦法利用它們，並且詢問：究竟發生了什麼事？我們可以從中學到什麼？其中是否存在能引領企業邁入全新境界的洞見？

渥索紙業試圖拓展特殊用紙業務

渥索紙業是紙業市場上一家昏昏欲睡的企業。該公司成立於一八九九年，工廠位於威斯康辛州北部的布洛考鎭，就設在威斯康辛河畔。一九七七年，李察・羅德（Richard Radt）上任渥索紙業總經理，受董事會之命帶領渥索紙業趕上時代潮流。曾執掌菲利浦莫里斯（Philip Morris）紙業部門的羅德一眼就看出，渥索紙業最大的問題在於怠惰不前。

「我們站在似乎要吞噬我們的、狂奔不止的雪崩之前，」他說，「改革勢在必行，而改革正是我們所做的③。」

羅德首先重振企業核心單位——生產印刷及書寫用紙的布洛考事業部門——的活力。布洛考的商品賣給遍及中西部的大型紙商，這些紙商進而向印刷廠和紙業零售商供貨。透過刪減成本、改善品質與流程以及進行若干資本投資，羅德迅速讓布洛考脫胎換骨，成了渥索紙業最重要的利潤中心。

不枉身為一個行動派且精力充沛的人（他曾在韓戰中駕駛戰機，平時喜愛賽車），羅德緊接著尋找拓展布洛考事業部門的方法。建於一八九九年的布洛考工廠雖經過數度翻修，但它的規模仍不及於大型的紙業競爭對手，設備和流程都無法達到可與競爭者匹敵的產量和速度。然而，布洛考享有生產高品質紙張的聲譽，也有能力生產多種顏色的紙張。不過，儘管市場對布洛考的品質與色紙呈現強勁而穩定的需求，但大型紙商寧可應付這行的根本生計——白紙以及少數幾種標準色彩的色紙，針對幾種標準規格大量進貨。有鑑於此，布洛考通常跟單一一家大型紙商建立獨家關係，後者同意在其市場所在地銷售布洛考的商品。此外，布洛考也跟許多小型紙商往來。

在尋找成長方向的過程中，羅德跟他的幕僚發現了一樁反常現象。布洛考在芝加哥的市場佔有率，遠勝過其他市場的表現。羅德的管理團隊縱然知道這件事，卻從沒有深入調查其中緣由。業務副總相信較高的市佔率，是基於布洛考芝加哥業務員與當地紙商特別堅強的關係所致。

事實上，情況並非如此。布洛考在芝加哥的經營模式，有兩項主要的不同點。首先，它跟各大紙商都有往來，而不是像其他市場那樣，只跟一家紙商簽訂獨家關係。其次，它的送貨速度遠勝過其他地方——通常下單隔天就可以收到貨。羅德心想，是否可以將這樣的反常現象運用於其他市場以提高市佔率。如果可以，布洛考需要提供多高的服務水準？這項改革將對成本及價格造成多大衝擊？競爭者可能採取怎樣的反制行動？

開頭第一件事，就是查明事實眞相。布洛考在芝加哥跟這麼多大型紙商往來，究竟是怎麼辦到的？它如何做到隔天送貨？第一個問題純屬歷史的僥倖，事情只是隨著時間的發展而演變成如今這個地步。但假使芝加哥做得到，其他地方是否可能仿照辦理？至於第二個問題的答案，是因爲芝加哥距離布洛考工廠只有一百英里之遙，而且，幾乎每一條通往中西部的運輸路線都會行經芝加哥；每天都有布洛考貨車穿越芝加哥，前往堪薩斯城或聖路易或明尼阿波里斯市。正因如此，芝加哥的紙商都知道，如果跟布洛考下訂單，他們要的貨品很可能在隔天搭便車出廠。布洛考的後勤人員也習慣在前往克里夫蘭的貨車上，順便替芝加哥紙商補貨。由於紙商知道很快就能得到布洛考的供貨，因此他們可以維持較低庫存，致使貨倉有更多空間儲存更廣泛的商品品項。這讓他們得以提高庫存週轉率，並且爲其顧客提供更廣的選擇與更快的服務。布洛考之所以在芝加哥達到較高的市佔率，是因爲他們幫助紙商降低成本、提高銷售量。

查明反常現象的成因之後，羅德和部分團隊成員堅信，假使能將芝加哥模式複製到其他市場上，就能大幅提昇布洛考的績效表現。但這可不容易；許多問題仍有待解決。要找出解決方法，他們必須強迫自己和同事離開暖洋洋的安樂窩。

他們首先調查芝加哥地區以外的部分客戶，試圖瞭解他們目前得到的服務水準。調查結果讓羅德又驚又喜。每一家供應商對紙商的服務都很差。一般而言，標準品項（例如白色印刷用紙）必須等一到二週才會送達。訂單履行率也是差強人意；平均二十%的訂購商品會出現遺失或缺貨的現象。這不僅造成紙商的訂單損失，也會增加他們的管理成本和麻煩。紙商必須持續追蹤哪些商品已如期到貨、哪些商品仍需補送，然後跟供應商後續接洽、通知顧客他們的訂單處理狀況，並且確保會計人員搞清楚哪些品項已付了錢、哪些帳款有待結清。

論及特殊商品的服務，紙商就有更多問題和更高複雜度了。終端客戶（通常是印刷廠）喜歡特殊紙張，因爲它們的顏色及種類繁多。儘管紙商不喜歡儲存特殊紙張，但是由於利潤較高，他們仍樂於做特殊訂單的生意。不過對於大型紙廠（布洛考的競爭對手）而言，每一批特殊紙張都需要切換生產線，增加流程的成本及複雜度。因此，紙廠往往規定特殊訂單需達到最低訂購量，通常是一卡車的量（重達四萬磅的紙張），而貨品會在四到六週之後抵達。

這些關於特殊訂單的規定，讓紙商深感左右爲難。如果顧客訂購少量的特殊品項，紙商也許被迫購買紙廠的最低數量（一貨車），然後將剩餘紙張放入庫存。但特殊商品的庫存週轉，每年大約只有四到五次，反觀標準品項的庫存，則能達到十到十二次的週轉率。再者，特殊商品佔掉寶貴的倉儲空間。因此，紙商雖然可以透過特殊商品賺到較高的毛利，但他們相信較高的毛利對財務底線幫助不大。

於是，羅德開始將布洛考的小規模以及特殊用紙專長，視爲對抗大型紙廠的競爭優勢，而非一道限制。雖然就量產的標準紙張而論，布洛考工廠無法與競爭者匹敵，但它遠比競爭者適合安排短的特殊排程。對競爭者而言，爲多種少量的特殊訂單切換他們龐大的高速、高產量機器，費用實在過高，甚至是辦不到的。羅德預見快速服務與特殊訂單的結合，也許能賦予他們一個競爭者無法也無意攻擊的競爭優勢。

羅德決定在明尼阿波里斯市試驗這套新模式。布洛考準備累積庫存，將貨品積壓在工廠裡。對於有存貨的商品，它將提供隔天送貨的服務。如果下午四點以前下單，貨品會在隔天早上八點以前送達紙商的裝卸區。「我們到處宣傳，」羅德的團隊成員之一說道，「我們讓城裡每個人都知道。」

布洛考也大刀闊斧地改善訂單履行管理，目標是每張訂單都能達到九十六％或更高的完成率。對於沒有庫存的商品，布洛考將平均送貨時間從一般的四到六週減爲兩週。另外，他們不會要求紙商購買一整個卡車的貨品。

羅德的幕僚接著分析定價。他們決定將特殊商品項的定價，設在和競爭者等高的水準，也就是比標準商品貴三十五％。不過，他們也決定調高標準商品的價格，平均漲幅爲十％。他們希望藉此勸阻紙商向他們大量訂購標準商品，因爲他們希望將全副產能投入特殊品項。他們認爲此法能讓競爭者拿到較多的一般性生意，因而打消他們投入特殊訂單戰場的念頭。皆大歡喜。

最後，羅德明白如果只幫一家紙商送貨，布洛考將無法負擔每日當天交貨的成本；運輸費用將會過於龐大。因此，它必須終止各經銷區域與大型紙商的獨家關係，銷售給所有打算進貨的顧客。

準備執行策略

推行明尼阿波里斯試點銷售計劃之前，布洛考的價值遞送系統（value delivery system）需要達到若干提昇，從生產線開始。雖然已經能以相當高的效率生產高品質紙張，但羅德希望進一步提昇生產線的切換速度、色澤的一致性、紙張切割與包裝，並且降低耗損率。爲求達成目標，布洛考安裝了一套電腦化流程控制系統，並且新增幾條最終生產線。在流程控管能力如此精細的各個工廠當中，它是全美規模最小的一家。

這些僅需小額資本投資的流程提昇，大幅改變了布洛考工廠的實力。如今，它可以爲顧客提供兩百三十五種商品品項，其中許多品項可以在隔天送達，其餘則保證兩週內送貨。沒有任何競爭者可以提供五十五種以上的商品品項，而大部分業者承諾在四週內送達。

然而，即便擁有革新之後的生產能力，也不足以保證快速送貨；快速的訂單週轉率有賴快速的訂單處理，而這正是布洛考的另一道瓶頸。該公司使用一套繁瑣、費時且容易出紕漏的人工訂單輸入流程。如果要遵守隔天送達的允諾，訂單需要在幾分鐘之內處理完成，而不是幾小時甚或幾天的處理時間。因此，布洛考首先簡化其訂單管理程序，然後推動電腦化（這是正確的行動步驟；許多企業將不完美的流程推上電腦，然後當新的自動化流程無法呈現正面成效時，才著手簡化流程。）

布洛考的後勤支援系統也需詳加注意。後勤單位雖然看似健全，具備一整隊最新型的卡車和全職司機，但某些因素導致他們無法落實當天運送的政策。只派送滿載商品的卡車出廠，向來是布洛考的標準做法，而要達到滿載，可能需要許多天的訂單量才辦得到。有時候，送貨部門需要應付恰恰相反的問題；某經銷商可能下了一張好大的訂單，使得布洛考的卡車不敷使用，只能遞送部分商品，或者分兩批送貨。另外，當運輸路線超過四百英里長時，卡車司機依法需在途中停留八小時休養生息。

爲了恪守隔天送達的承諾，布洛考必須將履行顧客訂單的重要性，置於卡車滿載或不滿載的問題之上。於是，從明尼阿波里斯試點銷售計劃開始，它拋棄了「半滿卡車不出門」的座右銘，允許卡車視需要進行排班，並授權送貨部門在處理龐大訂單時租用卡車。在長程運輸上，每輛卡車獲派兩名司機輪流值班，以便隔天送達四百英里外的經銷商。至於較小的訂單，要是一時調配不到卡車，而顧客不願意多等一天，送貨部門有權聘請隔夜送達的快遞服務（例如聯邦快遞或ＵＰＳ）代爲送貨。

當然，設立新流程是一回事，人們肯不肯使用新流程又是另一回事，更遑論以高效率和心悅誠服的態度使用它了。在改變組織人員的心態問題上，羅德面臨了一大艱難挑戰。

舉例而言，後勤主任就是無法讓自己釋出未達滿載或接近滿載的卡車。後勤主任終其一生，幾乎都爲布洛考效命，而他的目標向來是藉由派遣最少的卡車達到最低成本，每輛車載運盡可能多的貨品。「送貨部門的傢伙想不透我們如何負擔得起每週派出五輛車的成本，在當時，我們每週只有兩輛車出門，」羅德說，「聘用隔夜送達的快遞服務更令他們無法容忍。但是我們必須不計一切代價實現隔天送達的承諾。我們必須讓顧客明白，我們言出必行。爲了做到這一點，我們必須接受較高的運輸成本，至少一開始如此。」

羅德跟後勤主任一次又一次地會商，主任同意接受新策略，也承諾盡力遵守策略原則。但是明尼阿波里斯試點銷售開始之後過沒多久，他又故態復萌。他拒絕釋出半滿的卡車、拒絕聘用聯邦快遞代爲送貨，導致顧客無法如期收到貨品。最後，羅德無計可施，他決定放棄說服後勤主任，將主任移出後勤單位，調任其他部門。

業務團隊也同樣遲遲不肯接受這項策略。放棄長久以來跟大型紙商辛苦建立、維持的獨家關係，讓他們覺得很不是滋味。「有些業務人員已經跟他們的顧客打了二十年的高爾夫球了，」羅德說，「現在他們得說，『噢，對了，打明兒個起，我們會向你的三家競爭對手供應同樣的商品。』」更難的是拜訪潛在客戶，因爲這些客戶多年來飽受業務團隊的冷落。羅德費了好幾個鐘頭跟業務主任及其班底會商，說教、威脅兼而有之，但仍遭遇他們頑強抵抗。到最後，他必須以下命令的方式要求他們拜訪新客戶。他承認其中有風險存在——他們可能失去某些客戶；但他們別無選擇。

業務人員是對的，新流程並不容易，執行上也不順暢。「某些既有客戶討厭它，」羅德說，「一家紙商還口出威脅，『你們要是這麼做，』他說，『我們就不再跟你們進任何鬼玩意兒。』潛在顧客最初反應冷淡，他們說，『我們也許會試試吧，但別期望從我們這兒拿到什麼大訂單。』」

明尼阿波里斯的試點銷售，證明布洛考確實有能力供應兩百三十五種品項，而且確實能在當天處理標準商品的訂單，並且在兩週或更短時間內送交特製品。「跟我們做生意是如此輕鬆，」羅德說，「我們不僅取悅了既有顧客，連新顧客都開始將更多訂單轉給我們。他們知道我們每天都有卡車出廠，他們會打電話來說，『可不可以順便替我們送這個或那個？』而我們總是點頭答應。」

紙商漸漸開始明白，當天送達不僅是方便而已，還能對他們的生意產生重大的正面衝擊。紙商不再需要老早預先規劃訂單內容，不再需要積壓那麼多庫存。他的存貨可以週轉得更快，減少套牢在紙張庫存上的資金。布洛考業務員漸漸懂得如何推銷，他們叫顧客張開手臂迎接每年十五次的存貨週轉率，要是下單次數頻繁，週轉速度還可以更快。

明尼阿波里斯的試點銷售爲期十個月左右，布洛考的市佔率每月都有新的斬獲。羅德認定組織已準備就緒，可以全面推行提昇後的服務。他相信生產人員已嫻熟掌握新控管流程，而且能在耗損率最低的情況下切換生產線。他們的信心十足，相信每天至少能派遣一輛卡車進入主要市場。試銷實驗證明，他們可以達到九十六%以上的訂單履行率。他們知道自己有能力在兩週的遞送窗口內，完成爲數龐大的特殊訂單的週轉。此時，業務團隊向其餘位於中西部市場的顧客宣佈，傳聞多時的新策略如今已正式推出。

策略成果斐然，訂單蜂擁而至。布洛考在主要市場上的佔有率，二十四個月內往上翻了兩倍有餘。特殊品項的銷售量上揚，正如他們的希望與期許。然而出乎所有人意料之外——布洛考的標準商品，並未如預期呈現銷售量下滑的現象。儘管標準商品溢價十%，經銷商仍基於布洛考的優越服務而向他們訂貨。

間接攻擊的優勢

布洛考的間接攻勢之所以如此成功，乃是由於出奇制勝。雖然布洛考早在正式推行新服務概念以前，就向既有客戶及潛在顧客放出風聲，但他們並未揭露整件事的來龍去脈。羅德及其幕僚不希望競爭對手採用類似策略，尤其不希望競爭者搶先一步偷走優勢。

當布洛考高層被問到他們的新策略時，他們會這麼回答：為了提高交貨速度，他們會積壓更高的製成品庫存，同時拉長工作時數。這兩項聲明都是實話。但是高階主管沒有提到該公司的新科技與設備、新訂單管理流程，以及新的非獨家顧客關係。他們希望競爭者聽到風聲之後，會把布洛考的努力視為笑柄，或者更好的是，有樣學樣地增加庫存、拉長工時。若缺乏配套措施，這些改革很可能會提高競爭者的成本、降低他們的服務品質。

新策略開始出現成功跡象之際，非但渥索紙業的競爭者直呼驚訝，連公司員工也大感意外。布洛考幾乎跟不上需求腳步，事實上，他們受到產能所限。特殊商品的需求快速激增，新生意絡繹上門。

渥索的策略特別有效，因為它沒有危害競爭者。布洛考專注於競爭者避之唯恐不及的特殊品生意，而且並未試著在標準商品上跟競爭者正面競爭。因此，大型競爭者樂得讓布洛考搶走棘手的特殊訂單，正好可以將全副心力投入龐大的標準商品訂單。布洛考似乎沒有奪走他們的銷售量或利潤。雖然布洛考的確面臨標準商品需求上揚的情況，但它通常向競爭者購買未裁剪的紙張，然後做最後的加工及包裝。因此，就連標準商品所增加的生意，布洛考都讓競爭者分一杯羹。事實上，布洛考創造了一項全新的生意，皆大歡喜。

布洛考的競爭者並未反擊，仍舊全心投入他們的高速機器和高銷售量的業務模式。他們搞不懂隔天送達及多樣化商品的概念。正因如此，布洛考藉由提供別人無法抗衡、遑論超越的服務水準，發展了自己的決定性優勢。往後幾年，競爭者仍墨守過去做生意的方法，繼續以成本爲競爭基礎、在高爾夫球場上建立顧客關係。

隨著佔有率及利潤的持續成長，布洛考逐漸發現服務策略的某些限制。後勤系統有其先天上的限制——他們發現並非所有地區都能保證隔天送達。幾年後，布洛考以全產能生產，利潤穩定，但成長卻逐漸趨緩。爲了保持股價的上揚勁道，同時避免員工產生自滿心態，羅德及其幕僚開始尋找新的成長機會。他們認爲自體成長已沒有太大空間，因此決定透過購併拓展事業。一九九三年，他們買下了新罕布夏州葛羅維頓市的葛羅維頓磨坊（Groveton Mill），作爲渥索紙業進軍新英格蘭地區的據點。

如何尋找反常現象？從哪裡切入？

布洛考的成長策略，建立在他們對芝加哥市場異常高市佔率的洞察之上。各行各業都有此類反常現象，但在高複雜度的行業裡——那些具有龐大客戶基礎，並且能夠以銷售量、產品種類和顧客型態定義出許多區隔的產業——更容易發現它們的蹤影。客戶基礎越多元化，越可能出現標準程序無法滿足各種可能性的情況，導致一家或多家客戶出現反常現象。然而，由於資訊過於龐雜，多元化客戶基礎也加深經營團隊察覺異常現象的困難。矛盾或脫序狀況層出不窮，不可能一一調查淸楚。假使擁有多層級的銷售管道——例如透過批發商和零售商、連鎖店和獨立商店、網路及郵購進行銷售；客層的多元差異也會越來越豐富。多重經銷管道提高了顧客數量，導致企業越來越難發現具有潛在利用價值的非標準行爲。

成熟產業，不論複雜與否，也是孕育反常現象的沃土。置身於成熟產業的公司往往墨守成規，抗拒改變，淪爲既有顧客關係的禁臠。它們成了輕疏或忽略反常現象的專家，而且假使眞的看到了反常行爲，恐怕也無力挖掘其利用價值，或在競爭者先發制人之際予以回擊。

有時候你福星高照，有可能不小心挖到一個有用的反常現象，但強硬派企業是以有條有理的方式尋找它們的。最好是由專門挖掘反常現象的專責小組進行搜尋、分析它們的成因、預估它們代表的潛在利潤，然後提出運用它們的建議。專責小組應該由財務、事業發展、行銷、業務和營運部門的人馬共同組成。企業應賦予他們八週左右的時間，找出二到三項值得挖掘的反常現象。該小組的具體任務包括：

- 評估企業在多項參數上的生產力（例如每位員工、銷售區、客户、商品及服務的業績與利潤）。
- 調查業界各公司在以下層面的實務做法與活動：經銷商、業務員、銷售區、技術服務人員。
- 畫出關於營收、成本及利潤驅動因素的生產力直方圖（顯示類別與頻率的圖形）。
- 找出並深入調查脫軌現象，例如買進或賣出量高於或低於平均水準的顧客。其中有什麼內幕？
- 挖出這些反常現象可能蘊含的策略機會。

一旦搜索小組找到一些反常現象並進行分析，下一步就是區分哪些反常現象具有潛在商機，哪些反常現象只是偶一爲之或者毫無廣泛運用的潛力。關鍵是檢查反常現象的長期模式。按照定義，持續大量進貨的顧客或年年超越平均水準的市場，就不是隨機事件。這其中，是否存在著可以驗明而且可以在別處複製的根本成因？

以下是可能引起搜索小組注意的幾種反常範例：

·美迪高（Medeco）是一家生產高安全鎖的製造商，它在加拿大主要城市的平均每户銷售額，是它在美國的兩倍，儘管加拿大的城市治安通常比美國好些。爲什麼？加拿大的銷售佳績背後有什麼驅動因素？

·消費性電子品牌ＭＥＣ，在日本被視爲大衆商品（commodity），其成品以低價賣給新力和松下電器。然而在美國，ＭＥＣ商品卻透過特殊零售管道溢價出售。怎麼會這樣？

·史提利（Steetley）工業行銷公司在加拿大安大略省的奧沙華市設有分公司，其毛利率在史提利各分支機構敬陪末座，但是該分公司的平均員工銷售額及投資報酬率都是最高的。怎麼會這樣？

・三菱重工（Mitsubishi Heavy Industry，簡稱ＭＨＩ）經常跟燃燒工程公司（Combustion Engineering）爭奪替電力公用事業設計、製造蒸氣鍋爐的合約。ＭＨＩ的得標率節節高升。不同於業界其他競爭者，他們在得標之前就開始著手設計了。這就是他們屢屢得標的原因嗎？

最後，搜索小組必須弄明白驅動著這些異常現象的確切機制。究竟是什麼因素造成這種不尋常的績效模式？哪些商品特徵、當地環境、顧客經驗或作業方式導致這些異常現象的發生？不要接受稀鬆平常、信手拈來、不假思索的答案。好比說，光知道某位顧客多年來忠貞不二是不夠的，你需要知道他維持忠誠的確切原因（假使羅德接受了芝加哥紙商和布洛考業務員具有特殊關係的說法，就不會發現造成業績異常的眞正原因）。這有賴內部資料與顧客資料的深入分析，或許也需要親自訪問客戶及他們的顧客。

推動這套流程是管理階層的份內工作。他們必須開創討論之風，反覆詢問「爲什麼」，直到得到眞正的洞見。事業單位的前線人員也許最接近反常現象的詳情，但他們通常被工作上的日常瑣事纏身，以致於無法看清異常模式和做法在策略上的重要性；往往得由一步之外的旁觀者來察覺異樣並採取行動。此外，懂得欣賞差異、具有強烈的好奇心，以及願意挑戰企業「理所當然」的遊戲規則等特質，也是挖掘反常現象不可或缺的條件。找出有潛力建立策略優勢的反常現象之後，眞正的工作才要開始。你必須徹底檢驗和探索反常現象，之後才能著手推動策略。首先，你必須明白反常現象的經濟結構；此外，創造成長、提昇利潤的潛在來源，都必須說明白講清楚。

將反常現象廣泛推展到整體體制之前，也許有必要改變或提昇你的事業系統。你也許需要調整或修正你的組織架構，以便移開機能障礙、改變可能削弱或妨礙成功運用異常現象的不良行爲。

你必須將顧客及競爭者面對策略的態度，以及他們的潛在反應納入考量。要明白顧客的觀點，你應該拿一小群顧客測試這項策略概念，以證明策略的可行性與價值。

行銷計劃的擬定是不可或缺的。它應該包含一套媒體及公開資訊策略，藉由傳達策略的利益讓現有顧客接納新制度。你所發布的消息，應該讓競爭者霧裡看花，或者誘使他們採取不合宜的行動，讓你盡可能享有先佔優勢。行銷計劃也應該包含一套能幫助你鎖定潛在顧客的行動，尤其是競爭者手上的異常顧客。

搜索反常現象有其特定時機。預算審核期是最糟糕的時機，因爲此時每個人都爲了爭奪數字掌控權而焦頭爛額。策略審核期則是較佳的時機，因爲此時人人都應該定下心情靈活地思索未來。在反省過去——包括策略及業務成果——的過程中，企業通常可以找到能以制度化方式進行探索的商機。

致勝的反常現象

所謂勝利，是指推動新策略之際，仍能保留並發展高利潤的異常顧客之業務；如果能搶走競爭者的生意，事情就更美好了。好比說，布洛考的成長主要來自新紙商，也就是那些原本沒有業務往來的顧客。布洛考以更新更好的服務吸引這些紙商，然後以其管理特殊訂單的能力牢牢抓住這些客戶的心。非但大多數現存的特殊訂單都流向布洛考，該公司的能力還創造了額外的生意。這些額外的生意來自競爭者的顧客，強化了支撐著反常現象的基本經濟結構。在此個案中，布洛考從新舊顧客身上得到越多的特殊訂單，提供快捷服務的平均顧客成本就能越低。隨著越來越多特殊訂單流向布洛考之際，任何試圖挑戰的競爭者所能得到的特殊生意就越來越少。

最成功的勝利，是當競爭者一時看不出你的勝利、摸不清頭緒，或者甚至將之視爲一項失敗的時候。布洛考的競爭者花了好多年功夫，才明白他們從媒體得到的資訊，並未完整披露布洛考如何取得勝利的來龍去脈。此外，由於他們自己的核心業務幾乎完全未受影響，他們問自己：「何苦在不需要動作的時候採取行動？」

挖掘反常現象的利用價值，是向公司注入些許活力、刺激，以及初創企業特有的實驗精神的大好良機。每天每時，具有創業精神的企業家莫不汲汲於重新發明你的事業，爲他們自己切下一塊大餅。透過駕馭反常現象，你也可以擁有同樣的創意衝勁，讓成長重登貴公司的會議議程。

3
威脅競爭者的金雞母
左右敵人的動向

如果能得知競爭者的金雞母所在，
就有辦法左右他的行爲動向。
所謂金雞母，是指競爭者最賺錢的商品、
服務或區域組合。
每一家公司都有一個或多個金雞母；
金雞母之所以如此重要，
不僅因爲它們爲財務底線挹注可觀的利潤，
也因爲它們往往是企業其他較弱
或發展中環節的資金來源。

有時候，你難道不希望自己能影響競爭者的行爲？能嚇阻他進入你覺得誘人的市場區隔？能減緩他在你的關鍵事業領域進行商品發展或生產技術的投資？

如果能得知競爭者的金雞母所在，就有辦法左右他的行爲動向。所謂金雞母，是指競爭者最賺錢的商品、服務或區域組合。每一家公司都有一個或多個金雞母；金雞母之所以如此重要，不僅因爲它們爲財務底線挹注可觀的利潤，也因爲它們往往是企業其他較弱或發展中環節的資金來源。

要向競爭者的金雞母施加壓力，方法有許多種。你可以針對特定商品或特定地區大幅削價競爭，與你的競爭者正面交鋒；你可以用足以吸走對手銷售量的價格，提供具有新功能或特殊功能組合的商品；你可以就對你而言無足輕重，但卻是競爭者主要利潤來源的商品，維持原價銷售卻提高服務水準。

當你攻擊競爭對手的金雞母時，也有許多不可觸碰的禁忌，因爲其中涉及的定價行爲可能被貼上反競爭標籤，因而大幅提高民事及刑事責任的風險。舉例而言，美國聯邦政府、州政府連同許多國家的法律，莫不禁止掠奪性的定價行爲；而所謂掠奪性定價，一般定義爲以不合理的低價傾銷商品或服務，意圖將競爭對手摒除於市場之外。其他法規則將價格歧視視爲不法行爲，此類歧視也許會大幅削弱競爭局面，或者造成某項商業的壟斷態勢。這些法律定義出超過了警戒區的領域，企業領袖必須在安全距離以外畫下一條明顯界線（確定你的律師群知道或學著瞭解，在你意圖投入策略行動的各項領域中，究竟有哪些相關法令或法規）。

威脅競爭對手的金雞母，用意並非讓對方走投無路，或者建立讓自己獨霸產業的地位。相反的，這項策略的目標是掐住對手金雞母的現金流量，迫使它改變對你不利的某項行動或行爲。假使它不肯就範，即冒著金雞母遭大軍侵略的風險，進而對其事業其他環節造成壓力。

日本汽車業者攻擊三大車廠的輕型卡車金雞母

西元二〇〇〇年初，幾家居首的日本汽車業者——豐田、日產及本田，將目標瞄準北美三大車廠重要的金雞母——輕型卡車事業。這項攻擊成功與否，很可能左右著通用汽車、福特和克萊斯勒的未來前景。

直到最近以前，日本車廠在美洲市場上，一直採用一套不同的強硬策略來建立佔有率、累積利潤。他們通常採取迂迴攻勢，首先進軍低價位市場或小型車區隔，等奠定了客層基礎後，再一步步滲透到較高價位或較大型的汽車市場。他們持續提供優於美國競爭者的價格和品質，爲這項迂迴策略提供了堅強後盾。

爲了壓縮開發成本，他們以專爲日本市場設計的車款爲基礎，再根據美國消費者的喜好稍作修改。

這是過去三十年來的競爭模式，其歷史是一場又一場的小規模戰事。每當日本業者推出較高價位或較大型的車款時，三大車廠會先鬧得沸沸揚揚，然後就退兵撤防。有時候，他們會尋求「自動設限協定」（voluntary restraint agreements）這項停火協議的庇護。然而更常見的狀況是，他們轉而將力氣用來創造新的金雞母，投入利潤更高的車款，例如豪華車和迷你箱型車，以及最重要的休旅車及輕型卡車。有一項主要原因，致使三大車廠不願意將低價位市場拱手讓給日本業者——他們必須符合美國企業平均燃油經濟標準（corporate average fuel economy，簡稱CAFE）。其較大型的、利潤較高的車款非常耗油，他們需要較小型的、燃油效率較高的車款來降低整體車系的CAFE。

當然，三大車廠不認爲他們的行動是敗陣撤退，而是追求商品創新、改變商品組合以迎合顧客需求。通用汽車、福特和克萊斯勒的利潤一度向上攀升，其利潤多半來自於新的金雞母——迷你箱型車、休旅車和貨卡車（pick-ups）——的事業營運（而非融資服務或其他業外營運）。到了一九九〇年代末期，三大車廠在北美的輕型卡車銷量已超過汽車銷量，他們為此心懷感恩。畢竟，每賣出一輛福特 Expedition 和通用 Suburban，就能注入一萬美元或更高的利潤。但是到了二〇〇一年，三大車廠步履蹣跚的汽車事業造成的利潤下滑，開始拖累輕型卡車事業的利潤率。這一年，福特從輕型卡車事業賺進可觀利潤，但其利潤幾乎被汽車事業的重大虧損耗用光了。

三大車廠將重心轉向輕型卡車之際，日本業者也正改變他們的競爭焦點。到了一九〇年代尾聲，他們已推出齊備的完整車系，從小型車到大型車，從低價位到高價位；他們提供精巧的輕型卡車、迷你的迷你箱型車，以及小型的休旅車，獨缺具有美國人所熱愛的重量與勁道的全尺寸輕型卡車。

於是，日本車廠決定推出專為北美市場設計的新車款——包括全尺寸的迷你箱型車、休旅車，以及塊頭更大的輕型卡車。一開始，三大車廠似乎滿不在乎，媒體也漠然置之。卡車被視為典型的美國象徵，絕非外國入侵者所能輕易動搖的。美國消費者不是認定他們的卡車必然是三大車廠、也唯有三大車廠的出品嗎？說到底，福特 F150、雪佛蘭 Silverado 和道奇 Ram 不僅是暢銷車款，更是美國的精神象徵。

日方試圖從小型卡車市場出發，進而向全尺寸卡車市場搶灘的最初嘗試，只獲得微幅成功。豐田 Tundra 受到部分媒體人士嘲弄，被指稱不如三大車廠的卡車堅固。人們不在乎半數以上的輕型卡車車主拿他們的貨車通勤上班，只偶爾在週末載運幾片夾板；他們不需要也從未使用車輛的最大載重量，但他們仍舊要求夠力的車款。

慢慢地，北美消費者開始接受日製輕卡車的特質，與當初接納日本轎車的模式如出一轍；日本車廠逐漸拉高市場佔有率。一九八〇年到一九九五年之間，幾家主要的日本輕卡車製造商，佔有率幾乎一直維持在十%左右，北美車廠囊括了其餘市場。到了二〇〇〇年年初，領先日本業者的佔有率已拉抬到接近二十五%，底特律的佔有率跌到七十五%。

日方對輕卡車市場的進攻火力未來將持續不減。歸功於較佳的品質，日本車一向具有較高的轉賣價格，日本業者因此得以維持其價格水準。二〇〇三年尾聲，日產汽車推出Titan單挑福特F150，豐田則宣佈該公司可能進攻重量級的卡車市場，假想敵是福特F250及通用的Silverado——那些每賣出一輛即可貢獻一萬五千美元利潤的車款。二〇〇四年底特律車展中，豐田、日產及本田以他們嶄新、粗獷的貨卡兩用車，成爲衆所矚目的中心焦點。通用、福特和克萊斯勒躲到哪裡去了？福特至少展現了回擊的意願，試圖奪回其核心房車區隔的佔有率。福特將二〇〇四年訂爲「汽車風雲年」(Year of the Car)，宣佈計劃推出六種新車款——包含福特五〇〇在內。這是對豐田的金雞母——專爲美國市場設計、佔日本車廠七成利潤的房車——的直接攻擊嗎？

在此同時，日本車廠持續施展強硬手腕，毫不放鬆地威脅著三大車廠碩果僅存、利潤最豐厚的金雞母。這對任何一家公司而言都不好受。儘管福特開出一套積極的新車款問世計劃，但他們的品質、造型和價格要達到足以從日本業者手中大舉奪回市佔率的水準，恐怕還有很長的路要走。

這是一個簡明的例子，說明一整層競爭者——日本車廠——如何夾擊市場既有領袖的金雞母。情勢發展至今，豐田、日產和本田已間接地控制著通用、福特和克萊斯勒的現金出水口。未來可預見的一段時間裡，三大車廠的策略仍將被豐田牽著鼻子走。

豐田表示，該公司將佔領全球汽車市場的十五%。毀滅主要競爭對手的金雞母，是讓他們可以更不費力地達成目標的方法之一。

眞空公司嚇阻掃除公司染指其金雞母

攻擊競爭者金雞母的另一項理由，是讓競爭者的某項既定行動窒礙難行，或是對它目前投入的某項行動施加壓力。這樣的攻擊能讓競爭者反思其行動的後果，然後以有利於攻擊者的方式修正其行爲。

一個以攻擊競爭者金雞母爲目標的策略，往往需要遊走於警戒區之間。如前所述（我們的法律顧問希望我們說得越明白越好），攻擊競爭對手的金雞母，可能涉及某些定價舉動，讓你冒著被控觸犯反競爭行爲的風險。因此，即使策略手段完全合法，也少有人（甚至沒有人）願意揭露他們正在進行的工作，或在事後詳加討論他們的所作所爲。正因如此，我們必須將以下的故事從原本的產業（將保持其匿名性）移植到另一個產業——家用電器，爲的是隱匿與事者的眞實身分①。

吸塵器的全球需求已逾十億美元營業額，而且每年擁有四%的成長率。北美市場大約値七億元，每年以三%成長，市場上有三家具備完整產品線的主要業者。其中，眞空公司（Vacucorp）是業界龍頭老大，擁有全系列的眞空清潔設備，從手提式到嵌入式眞空清潔系統無所不包。就一般家用電器的設計、製造和行銷而言，該公司也是全球的領先業者。市場上還有一些產品範圍狹隘的業者，儘管苦苦維持生計，仍有本事對產業造成極大破壞。掃除公司（SweepCo）就是其中之一。

每一家吸塵器業者都有一定的業務基礎，向一群固定的老主顧提供標準化商品；換句話說，各家廠商都具有一個穩固的金雞母。眞空公司的金雞母是透過全國性零售商銷售的直立式吸塵器。這行的競爭一般發生在市場邊陲，往往出現在某個主要客戶——例如大型零售商、批發商或房屋建商——決定檢討業務，然後開放競標之際。發生這種狀況時，低價搶標對掃除公司這類企業而言幾乎毫無損失，還多了將商品推上零售商陳列架的希望。多出來的業績和利潤可能很吸引這類廠商，但將造成眞空公司在客戶利潤率上大失血。

這項戰術開始讓眞空公司感到煩不勝煩。掃除公司靠著低利潤、甚至損益持平的價格搶標，爲它自己買到額外的銷售量，藉此在業界苟延殘喘。因此，眞空公司許多長期且穩固的金雞母客戶，逐漸失去了它們的溫度。

眞空公司能做些什麼？如何迫使掃除公司收斂其挑釁行爲？

眞空公司決心弄清楚掃除公司的經營模式。怎麼會有企業如此頑固地追逐著這種有一頓沒一頓的低利潤生意呢？這類公司通常有很低的固定成本。就掃除公司的案例而言，該公司的資本成本很低、幾乎零負債，而且資產已充分折舊。人工（未組織工會且多半爲兼職員工）是他們最主要的成本，而就這項成本而言，他們可以隨產量需要而調配人力。當贏得額外生意，他們可以迅速補充人力投入商品製造；而當丟掉額外生意時，他們也能在白白流失現金之前立刻裁減人員。這使得掃除公司有能力持續追逐低利潤生意，不斷調整人力，讓利潤得以略高於成本。

但是光靠這項生意，掃除公司是無法存活的。眞空公司猜想，掃除公司一定有一隻金雞母——一項支撐它渡過額外生意之高低起伏的高利潤業務。爲了查明眞相，眞空公司針對掃除公司做了一次徹底的競爭調查。它拿自己跟這家規模較小的競爭對手，在許多層面上逐一比較與對照，其中包括：

- 商品項目
- 技術與設計
- 區域與客户的長短處
- 定價與歷史
- 製造、供應商及供貨足跡
- 成本估算（根據各客户銷量及各工廠產量進行估算）

根據這項分析，眞空公司相信掃除公司絕大部分利潤來自於單一商品——濾塵筒吸塵器（canister vacuum cleaner），完全仰賴位於愛荷華州的單一工廠生產。濾塵筒吸塵器有四個輪子，形狀就像廚房用的金屬垃圾筒，設計聰明的吸塵軟管及電線可以靈巧地繞過家具和使用者的雙腿。濾塵筒吸塵器在一九六〇年代風行一時，但是當可提式和輕巧的直立式吸塵器問世且風靡市場之後，此類吸塵器便逐漸式微。濾塵筒吸塵器的銷售量大幅下滑，不過在低量水準上出現回穩。大型製造商紛紛拋棄他們的濾塵筒商品線，留下的生意只夠支撐幾家小型製造商，掃除公司便是其中之一。該公司靠愛荷華州製造的濾塵筒吸塵器賺了不少錢——事實上，絕大多數的利潤都來自於此。

眞空公司的管理層認爲，他們可以推出新的濾塵筒吸塵器，攻擊掃除公司的金雞母，藉此遏止他們低價搶攻眞空公司的全國性客戶。眞空公司相信它可以用低於掃除公司的成本製造濾塵筒吸塵器，方法是減少每個吸塵器所需的零件數量。它也可以使用較多塑膠零件以減輕商品重量、安裝更高效率且更強力的馬達來提昇商品績效、納入製造成本更低的電子控制器，並且提供掃除公司的款式無法匹敵的功能來吸引消費者。新的眞空牌濾塵筒吸塵器將比掃除公司的款式更小巧、更具魅力、更容易使用而且更便宜。該項商品將在目前具有多餘產能的工廠中生產，因此眞空公司能以微不足道的額外間接費用，製造打擊對手所需的一切數量。由於眞空公司成本低廉，它將擁有龐大的定價空間，可以大幅度削價競爭。

眞空公司根本不在乎濾塵筒吸塵器的生意。它計劃只在對手試圖以低價競標，搶奪眞空公司的全國性客戶時，才以新的濾塵筒吸塵器做爲攻擊掃除公司的武器。它將推出定價低於掃除牌商品的濾塵筒吸塵器（雖然價格高於成本），然後在必要時把價錢殺得更低（不過仍高於成本）。

眞空公司開始製造新商品，並且逐漸累積庫存量。掃除公司第一次試圖以低價搶奪眞空公司某一家全國性客戶的直立式生意時，眞空公司便在數天內輕叩掃除公司一家主要的濾塵筒客戶的大門。挾著新商品較先進的功能與較低的價格，眞空公司贏得生意，擠下掃除公司。相同情節又發生了幾回。幾場小規模戰爭之後，掃除公司終於收到了這個迂迴訊息：「離我們的主要客戶遠一點。你如果搶我們的生意，我們將以眼還眼。我們會殺價競爭，砍斷你的現金流量。」丟掉濾塵筒生意——該生意佔了掃除公司總利潤的三分之二強——的可能性，是一項無法忍受的痛苦。之後幾個月，掃除公司幾乎不敢再朝眞空公司的全國性客戶進攻。眞空公司得以縮減濾塵筒商品的產量，只維持適量庫存，足以還擊掃除公司偶一爲之的草率攻擊。

吸塵器產業就此一片祥和。

制定成功的強硬定價

在上述的兩個個案中，管理團隊爲了達成特定商業目標而攻擊對手金雞母。日本汽車業者旨在奪取三大車廠的市佔率；眞空公司的目的則是保護自己的金雞母不受對手的攻擊所傷。兩者的管理團隊皆運用精密的洞察及商業情報，執行大膽且有效的攻擊。他們之所以這麼做，並非爲了大開殺戮或恃強凌弱，也不爲了毀滅競爭者或獨霸市場，他們的用意在於影響並改變競爭者在特定市場或特定商品上的行爲，使對手朝特定方向發展。

定價是這兩個案例中的關鍵武器——強硬業者往往爲了因應競爭情勢及影響競爭者行爲而設定其價格。用來威脅對手金雞母的策略性定價，在符合以下目標時效果最好：

- 當你意圖拓展某一事業領域，但擔心對手不知擁有多少可以用來對付你的資源。這種情況下，你可以採用策略性定價，大幅縮減對手的現金流量，藉此削弱他的回應能力。
- 當競爭者對你歷來的事業大本營——某個商品、服務或地區——虎視眈眈，而你希望他撤退或減緩進攻速度時，你可以利用策略性定價在競爭者最意想不到或最不希望出現差錯的現金流量上施加壓力。這正是眞空公司的做法。

當特定市場條件存在時，你最有機會達成上述目標：

· **強烈仰賴價格的競爭**。此種情況下，即便小幅的價格波動——上漲或下滑，都能立即造成銷售量移轉的狀況。商品或服務越近似於大宗物資，你越容易以價格拐走競爭者的顧客。舉例而言，航空業的服務是一種大宗物資，顧客的轉換成本很低；航空公司可以透過削價競爭而奪走另一家公司的載客量。然而，轉換成本越高，越不容易引誘顧客琵琶別抱。

· **顧客高度集中**。如果你的顧客基礎十分零碎，要透過策略性削價來影響競爭對手就很難了。你必須針對許多顧客進行削價，才能眞的影響競爭者的行爲。當顧客基礎高度集中——例如大賣場的案例，即可運用折扣提供低價給大量採購的顧客。

· **競爭者擁有廣大的商品或服務範圍，而且各地都有據點**。如此複雜的業務，往往意味在特定範疇或地區之間的競爭態勢，會呈現明顯的差異。在某商品範疇上，A競爭者可能以X商品占Z地區鰲頭，而B競爭者則是Z地區M商品的市場領袖。業務與市場地位的複雜度與變化性越高，管理團隊越難分析彼此的業務狀況。不過，高度複雜的業務也賦予管理團隊更高的自由度，可以針對特定商品、客戶或地區實行火力集中的價格舉措。你必須確保自己詳細紀錄下你的「供應成本」(costs to serve)以及特定的市場及競爭狀況，以便在面臨掠奪性定價的指控時爲自己辯護。

· **你的商品服務範疇以及地區性市場，並未跟競爭者完全重疊，或者只在非常有限的情況下完全重疊**。除了你的攻擊目標之外，你還得擁有自己的金雞母。日本業者——尤其是豐田與日產——進軍美國時，他們的金雞母是他們在日本市場的小轎車事業。但是三大車廠在日本幾乎沒有立足之地，無法以此做爲攻擊對手金雞母的據點。對於三大車廠而言，所有戰役都必須在本土戰場上交鋒。

· **兩者之間相互重疊，而競爭者是市場領袖，你只需一點點力氣，就可以讓競爭者苦不堪言**。好比說，假使家電市場的情況倒了過來，是掃除公司試圖改變眞空公司的行爲。掃除公司佔了絕佳的天時地利，可以向眞空公司的主要客戶大幅削價。由於掃除公司跟這些客戶的業務量不高，削價競爭對掃除公司的影響微不足道。但是眞空公司將被迫降價迎戰掃除公司的攻擊，而且立刻就能感受降價的痛楚。掃除公司賠掉一點利潤，就會造成眞空公司獲利的大幅下挫。

當你對競爭者確切的行爲模式有了深刻的瞭解，影響競爭者的行爲將會容易些。如果你的競爭者時時保持警覺且反應迅速，你也許能向他傳達某項訊號（例如眞空公司向某些客戶投標以示警告），迅速得到預期效果。假使競爭者的反應慢半拍，你恐怕需要掐斷其金雞母的現金流量，才能讓他明白你的訊息。值得注意的行爲包括：

- 競爭者的財務績效平平，要是財務狀況不佳還更好。就算他有抵抗策略性定價攻擊的決心和智能，恐怕也難爲無米之炊。他很可能立刻聽到你的訊息，做出你認可的改變以降低競爭熱度。
- 競爭者行動遲緩、渾渾噩噩，或者看不出有積極好鬥的傾向。許多企業是追隨者，他們的管理團隊純粹隨其他公司而起舞。更多企業像無頭蒼蠅。倘若攻擊追隨者或無頭蒼蠅的金雞母，他們可能得花好幾個月才會驚覺，花更多時間想出回應辦法，然後再花更多時間落實執行。等到他們準備好發動攻擊，損害已然造成，他們只能被打得頭暈眼花。一般而言，這些是衆所週知的典型行爲，很容易看出來的。舉例而言，三大車廠的反應遲鈍，就不是一個秘密。

・競爭者的事業單位各爲獨立的利潤中心。資訊流動的速度緩慢；比起單一利潤中心而言，競爭者可能得花更多時間才會察覺對手已兵臨城下，安排與執行反制行動的時間也得拉得更長。

・競爭者有個軟弱無力的企業中心。當事業單位的金雞母遭到攻擊時，薄弱的中央管理團隊根本幫不上忙，但他們仍期望事業單位持續挹注利潤、達成目標。這是一項不可能的任務。事業單位領袖只得自行籌畫還擊行動（通常欠缺足夠資源），或者垂頭喪氣地豎起白旗，導致人才流失。競爭者若歸一個軟弱的企業中心所管轄，往往會「出賣自家人」以求暫時自保。

洞見的來源以及小小叮嚀

管理團隊考慮動用價格策略來影響競爭者行爲時，必須確定自己擁有足夠資訊及洞見，確保這項攻擊能收效、達到預定結局，而且不會反過頭來傷了自己。發動攻擊之前，必須蒐集以下資訊：

・你自己在各範疇、地區及客户上的成本、價格及獲利率。
・各商品、範疇及地區的顧客集中度。
・競爭者在價格變動、商品範疇、客户管理及地區重心移轉等層面上的歷史。
・針對範疇內商品、供應基礎及供應成本等層面，進行既深且廣的競爭成本標竿分析。最後一項成本——將商品或服務交付顧客手中且得到報償所需的成本——可能相當可觀，你不見得能一目瞭然或輕易估算，而且可能因顧客的不同而出現極大差異。舉例而言，在貨運業中，爲一天收發許多包裹的顧客提供服務，成本就比一週或兩週才寄送一次的顧客低廉。擁有大批高吞吐量顧客之競爭者，就算提供了大量折扣（volume discount）的優惠，運送每份包裹所得的利潤通常較高，因爲它運送每份包裹的成本，遠低於服務許多低吞吐量顧客的公司。一隻金雞母於焉誕生。
・競爭者的組織、管理團隊概況、行事作風及績效表現。
・所有主要競爭者的金融實力、資金來源，以及他們運用資金的方式。

這些情報將協助你模擬競爭者的反應——不論是怎樣的反應，以便落實用來打擊其金雞母的策略。你將知道在拿價格做爲說服利器的時候，你能夠以及應該用力多深。你將找出失敗或成功的初期警告訊號，也能揣測競爭者若不打算撤退，將會採取怎樣的反制行動。

這些洞見能協助你更精密地策劃你的攻擊。你也許選擇持續壓低價格，直到競爭者明確顯示他收到訊息並且開始改變行爲。再不，你也許選擇大幅殺價然後出奇不意地抬高價格，藉此讓競爭者的管理團隊驚慌失措、失去平衡。若是眞的想讓他們暈頭轉向，你可以在不同地區、不同範疇上，使出不同方向的極端價格行動——一次出擊或分不同時段。競爭者將被迫曠日費時地蒐集資訊、試圖分析，然後做出反應。等到他們費了許多功夫之後，你的價格又是另一套模式了。

利用定價策略攻擊競爭者的金雞母得冒許多風險，其中包括：

- 競爭者也許扮豬吃老虎，看來毫無頭緒，其實對你的業務瞭若指掌。他能迅速看穿你的策略，而且有能力攻擊你的金雞母以茲報復。他也許能夠運用價格進行反制，讓你的團隊如墜五里霧中。假使你準備妥當，就不應當發生這種狀況。但是若存有一絲一毫的可能性，你就得考慮採用另一套策略。

・競爭者的財務實力也許比你想像的堅強，例如未列入資產負債表的資源，讓他有能力抵擋攻勢、熬過突襲，然後灌注資源進行強力反擊。同樣的，完善的準備是最重要的。

・金主也許出奇不意地大駕光臨。哎呀！眞糟糕。假使有錢大爺現身相救，你最好確定自己錦囊中有一套解套策略（exit strategy）。

・競爭者或許會根據法源基礎對你的行動提出質疑，即便你沒做錯什麼事。因爲「反競爭」行爲的構成條件是可以各自表述的，你也許會發現自己所投入的管理時間及法務費用，比你計畫或願意的更多。

運用強硬定價來威脅競爭者的金雞母、迫使他改變行爲，聽起來簡單易懂，但是落實這項策略，以最少的錯誤達到最高成效，可就不容易做到了。洞見及完善的準備是關鍵所在。管理團隊必須願意承擔風險，並且擁有不畏挫折、堅持攻擊的勇氣。此外，擁有優秀的法律顧問全程參與策略的規劃與執行，同樣也是不可或缺的。攻擊金雞母，尤其是透過定價策略，很可能引發激烈的競爭反應。心臟軟弱無力的企業不要輕易嘗試。

4

借取構想成就創新

讓模倣成爲自己的全新產物

假使史提夫・賈布斯對他在全錄
帕洛阿圖研究中心學會的
圖形人機介面視而不見，
蘋果電腦就不會誕生。
假使豐田喜一郎沒有向福特學習及時生產的技術，
豐田汽車不會在一九五〇年代超越
它的死敵日產汽車公司，
更不會在美國市場連番告捷。

並非每一項強硬策略都需要偉大的原創性思考，或者創造出前所未有的嶄新事物。許多企業的成功之徑，就在於挖掘某一項既有構想、做法或經營模式的價值所在，然後收入囊中爲己所用。

速食餐廳或裝配線漢堡（assembly line burger）並非雷·克羅克（Ray Kroc）的發明，他以慧眼識出迪克與麥克·麥當勞兄弟在南加州的漢堡店潛力，談妥特許權，建立麥當勞公司，然後逐步買下創始兄弟的股份（一開始，克羅克是基於業務上的反常現象而發現這樁生意的——他是一個叫做多功能攪拌機〔Multimixer〕的奶昔機之獨家經銷商，當他發現麥當勞餐廳訂購八台機器時大感驚訝）。同樣的，第一家五金商品連鎖大賣場，也不是家居貨棧（Home Depot）創始人亞瑟·伯朗克（Arthur Blank）和伯尼·馬庫司（Bernie Marcus）的發明。他們借用老東家Handy Dan的大賣場概念，發展爲更大型的賣場，然後在整個北美洲擴展據點。

強硬派業者不是非自創症候群（not invented here，簡稱ＮＩＨ）患者，他們總是睜大眼睛尋找可以援用或改進的概念。他們觀察同業競爭者，挖掘強過其本身做法的業務作風、價格模式、商品設計、技術、人員招募與發展方法、供應商管理辦法以及顧客重心等戰術。他們也從其他產業摸索尚未滲入業內的創新構想——例如時間與品質管理、另類通路以及供應鏈管理戰術。

但是強硬業者也不是那種一味抄襲的公司。他們不是仿冒者或冒牌貨藝術家，不會侵犯版權或盜用專利。若發現好的構想，他們會想辦法改進它。凱瑪特（Kmart）的創辦人指出，創立威名百貨的山姆．華頓「不只抄襲我們的概念，甚至還發揚光大。山姆接了球，然後帶球跑了」①。

強硬派業者明白，經過驗證的好構想得來不易，因此會毫不遲疑地加以援用。強硬派業者往往可以藉此創造競爭優勢，速度通常更快，有時甚至能達到決定性優勢。

爲棺材生意注入新生命

總部設立於印第安那州倍思維爾市的倍思維爾壽具公司（Batesville Casket Company，簡稱BCC），找到方法取得競爭策略，茁壯成長。該公司援用日本汽車業者的標準與程序，成爲全球最大的壽具設計公司、行銷業者、製造商兼經銷商。

一九八〇年代尾聲，隸屬於希倫布蘭實業公司（Hillenbrand Industries）的倍思維爾壽具事業單位，是一家成功的鋼鐵棺及木棺製造商。不過，它的績效日趨平緩，而且和整個產業相同，幾乎毫無創新之舉。希倫布蘭期許倍思維爾繼續成長，如同它的其他子公司一樣，因此聘請一位新的高階主管——鮑柏・爾溫（Bob Irwin）來達成成長目標。

爾溫在汽車業界度過大半輩子的事業生涯，其生涯版圖有一大塊，是在克萊斯勒澳洲分公司擔任製造部門首長。克萊斯勒在一九八〇年代初期瀕臨重大財務危機時，便將澳洲分公司賣給三菱汽車（Mitsubishi Motors Corporation）。三菱刻不容緩地派遣一隊工程師，套用改良過的豐田生產制度（Toyota Production System，簡稱ＴＰＳ）於澳洲廠的製造流程上。一年內，該公司全面減少了工廠庫存量、提高品質、降低成本，並且建立持續改進的風氣。爾溫參與其事，學到許多。

爾溫雖對殯葬業毫無所悉，但他一走馬上任就發現許多不陌生的地方。和製造汽車的流程相同，傳統的壽具製造過程也是從一片片鋼鐵開始。鋼鐵片經切割成形，在大型壓模機下形成主要元件。元件接著焊接在一起製成棺槨——有些靠手工，有些靠自動化設備。焊接的部位經磨光、打亮後，將棺槨送進自動槽上漆，最後再送到裝配線安裝內襯和鑲邊，完成的棺材成品就可以準備運送。整體製造過程以大批次完成，作業現場的動線安排是以機器種類、物料批次以及元件及半成品的儲存爲中心基礎。

和一九八〇年代的美國汽車業相同，壽具產業也有品質上的問題。外部零件經常出現刮傷或凹痕，內襯則有破損或沾上髒污，這些缺陷若非出於製造過程，就是在前往供配中心或殯儀館的途中弄的。高缺陷率意味著工廠必須納入許多重做或修理的步驟；倍思維爾的供配中心因此還附設了修理中心。

對爾溫而言，這熟悉得令人鬱卒，他想起在三菱汽車接手以前，無止無盡的修復工作已成了克萊斯勒澳洲廠的標準程序之一。爾溫知道，倍思維爾如果能夠消除製程中的龐大浪費，成本將可以大幅縮減，進而促使公司提供勝過競爭者的高品質商品，甚至降低價格，於是就能同時提高業績及利潤底線。如此一來，他們可以將盈餘投資於商品創新，進一步刺激銷售量及利潤。透過製程改進而得的競爭優勢，很可能演變成決定性優勢②。

倍思維爾原本就有向汽車製造業借鏡的經驗。一九七〇年代末期，它從一次一個、手工裝配的生產方式，轉變成類似於美國車廠所採用的大批自動化組裝流程。如今，爾溫要求公司再度挹注巨額資本投資，用來提昇設備與系統、進行工廠改組與人員教育。這筆投資的額度，足以大損倍思維爾的財務元氣，是一項背水一戰的策略。但是就他所能判斷，沒有任何一家競爭者考慮如此激烈的動作，不過話說回來，他們根本動都不想動。

爾溫一開始以品質爲重心。他希望整個製程達到零缺失的標準，剔除所有修復工作。

首先，他關掉供配中心的修理廠，因爲他希望將所有改進工作集中在單一地點——工廠。因此，假使棺柩在抵達供配中心之前即有破損，必須送回工廠進行修復。如果破損是在供配中心的處理過程中造成的，也必須送回工廠。供配中心及工廠人員被賦予找出及消除破損成因的責任。爲了強調這項努力的重要性，使它成爲管理人員每日例行工作中的重大功課，爾溫把好幾口滿是製造缺陷的棺材，放在倍思維爾高階經理的辦公室進行展示。找出凹痕、擦傷、裂縫及刮痕的成因，並且剷除這些因素，是管理團隊的職責所在。

爾溫和製造團隊攜手合作，重振倍思維爾的製造部門，打造一套棺材製造業版的TPS。製程獲得簡化，在製品庫存降低，原物料的處理步驟也經過刪減。倍思維爾得以縮短準備時間，特別是大型壓模機器的切換時間。它安裝了更多自動化設備，大幅提昇產量、降低缺陷率，尤其是焊接的部分。自動化設施也幫助公司減少對人工的依賴，例如在原物料處理的過程中，人工毫無顧客附加價值可言。基於更快的速度與更高的品質，倍思維爾得以縮小製造批次規模，意味著它可以製造更多元化的商品，縮短訂單的週轉時間。不僅品質得到改善，生產力也蒸蒸日上。

接下來，爾溫將火力瞄準供應鏈管理。他首先分析倍思維爾與供應商之間的關係。根據汽車業慣例，車廠通常先耗用掉供應商提供的零件，然後拖了很久才會付錢給供應商。以日本汽車業爲例，車廠往往在供應商送貨後的幾天內用掉零件，但是要拖到一百八十天之後才會付淸款項。印第安那州的倍思維爾市不是日本。在倍思維爾，供應商的發票註明「付款期限三十天」，實行上，這意味著支票通常在收貨的四十五個工作天內送到供應商手上。爾溫提議在用掉原料的一週內付款給供應商，而爲了回饋如此爽快的付款方式，爾溫要求供應商進駐倍思維爾工廠，負起原料庫存的擁有權及管理責。供應商及倍思維爾雙方都必須對原料清單的正確性負責。當工廠取出一部分原料庫存時，應付帳款部門便會接獲付款指示。

爾溫繼續分析倍思維爾的供配做法，看看是否符合顧客需求。殯儀館館長並未維持高庫存量，因爲棺柩的體積過大難以儲存，成本也過於高昂，帳冊難以負荷。就一般慣例而言，殯儀館館長在顧客做了決定之後立刻下單，然後在下單後的幾天內訂定喪禮或瞻仰遺容的日期（殯儀館館長別無選擇，只能拿顧客實際訂購的棺木進行瞻仰遺容的典禮，因爲重複使用棺木乃屬非法行爲）。爾溫發現殯儀館館長被迫妥協。他們不得不接受慢吞吞的送貨，也相信要大型供應商加快送貨速度是不可能的事。當然囉，他們眞正希望的是隔天送達，至於當天送達，只能作作夢罷了。

儘管倍思維爾改頭換面的製程能滿足殯儀館館長的需求，但配送網路仍有待加強。

當初設計這套配送網路的宗旨，並非以品質、速度或商品多樣化爲目標，而是爲了能盡可能降低成本。倍思維爾設置了幾個區域性供配中心，大多位於大型都會區的市郊地帶。壽具製作完成之後，先存放於工廠內，等到數量足以塞滿一卡車，才會發配到供配中心。壽具接著存放在供配中心裡，等到接獲訂單，再由小卡車運送到殯儀館。

這種供配流程使得殯儀館館長無法確定能否隔天到貨，除非供配中心正好有壽具庫存，而卡車正好準備在該日送貨，車上正好有多餘空間。有時候，館長得按捺好幾天，等壽具從工廠送到供配中心，或者等供配中心收到足以塞滿一卡車的訂單。這樣的等待，讓殯儀館館長往往不知如何向往生者家屬交代。

爾溫要求管理團隊檢驗配送網路，看看有什麼改善方法。或許可以把供配中心搬遷到較接近中心商業區的地方；或許可以建立更龐大的小卡車艦隊。管理團隊發現許多足以強化供配效能的方法，但成本的增加勢無可免。

爲了增加這些額外開支的合理性，爾溫相信有必要擴充倍思維爾的業務量，因此，他開始尋找能讓營業額往上竄升的商機。雖然倍思維爾已經是全美及加拿大規模最大的鋼鐵及木棺製造商，但仍有許多地方性的壽具廠商存活在各大都會區裡，其業務量也相當龐大。地方性壽具廠商的競爭優勢，在於有能力提供客製化壽具，並且迅速交貨，有時隔天就能送達當地的殯儀館。爾溫及其團隊相信，如果能將客製化商品與高品質及快速送達的服務結合在一起，他們就能奪取地方業者的生意。爾溫再度借用汽車製造業的經驗，採納其製程，幫助倍思維爾有效率地建立與完成更多元化的商品艦隊。

在援用日本汽車業的實務做法時，爾溫過的並不輕鬆。許多經理人以及組織大多數人員，都難以拋開長年累月的做事習慣。可是，爾溫是個強勢經理人，以強硬手腕規劃、鼓吹、執行改革。他經常下達最後通牒，這樣的口吻即成了工廠上下所謂的「爾溫表現」。「不依我就走路，」當他遭遇管理團隊或廠方人員的抗拒時，他會這麼說；不然就是：「聽命行事，否則你就完蛋了。」他承認自己強悍而無情。「我用的是中國的水刑法，」他說，「我從不會放鬆要求。一滴、兩滴、三滴，改變必成。」

儘管爾溫的態度蠻橫強硬，但他的決心以及榮辱與共的投入感，組織上下都看得明明白白。倍思維爾的走廊、工廠及供配中心，處處見得到他的身影。他堅持推動他的計劃，得到具體成果。在他的監控之下，倍思維爾提昇製造品質、降低成本、加速配送並增加產品多樣性，在在提高該公司滿足顧客需求的能力，因而擴大了銷售量與市場佔有率。競爭對手無法跟倍思維爾的製造或供配系統抗衡，而隨著倍思維爾的銷售量蒸蒸日上，沒有一家競爭者有足夠生意，累積能讓他們試著一拚高下的資源。

汽車業的製造模式開放給所有壽具廠商仿效，但惟獨爾溫擁有成爲強硬派仿效者的意志力。結果：倍思維爾和它的典範——豐田汽車相同，擁有競爭者無法超越的製程和他們無力奪取的市場佔有率。

福特客戶服務部：尋找合適的模範

最佳的效法典範，不見得總是顯而易見的。福特客戶服務部門在找到合適的模範之前，曾經數度援用競爭者的成功因素，卻屢遭挫敗③。

一九九〇年代初期，福特服務部門出現停滯現象，營業額低迷不振。該部門主要負責供應售後服務與零件，並且在福特汽車經銷商就地進行維修工作。福特的五千多家經銷商裡頭，只有幾百家的服務部門達到業績成長。大多數資本財產業中，售後市場的成長性往往高於原廠的銷售營運。但是在福特，客戶服務部的成長速度卻遠不及原廠業務。看來事有蹊蹺。

福特客服部門胡亂投入幾項策略，企圖刺激成長。當時，「品質」是工業界最流行的二字眞言，而品質活動也在福特裝配線上發揮了神效。福特客服部門決定高聲朗誦這句眞言，訂定了一套叫做「一次搞定」（Fix It Right First Time）的品質運動，旨在達到百分之百的服務滿意度。聽起來不錯，實則不然，執行起來難如登天。大多數維修問題是設計或製造缺陷導致的結果，無法在經銷商這一端獲得解決。「一次搞定」運動使顧客失望，叫維修工人備感挫折，對業績毫無正面影響。福特只好任由這項運動慢慢枯萎凋零。

接著，福特客服部門試圖從競爭者身上尋找靈感。他們看到許多獨立維修廠生意興隆——例如 Jiffy Lube、Midas、Pep Boys 等等。福特考慮成立獨立的專屬維修事業，取名為福特汽車保養廠（Ford Auto Care）。對經銷商而言，維修業務充其量是個次等事業，重要性遠不如汽車銷售；若能將維修業務從經銷商手上脫離出來，福特或許能好好運用其品牌名聲攬進相關的維修業務。奇異電器的設備租賃及保險業務就是採用這套模式；通用汽車的融資業務也是這麼一回事。福特何不將這套模式運用在汽車維修業務上呢？最後，福特經銷商——福特帝國中權大勢大的一群人——否決了這份構想。他們無法就保養廠的設立地點達成共識，也擔心自家人搶走他們的維修生意。

福特高層迫於無奈，只好遴選一群優秀的高階主管，封為成長小組，責令他們尋找方法擴充維修業務，而且要快。福特成長小組做了每一個仿效者都應先做的工作：回家功課。他們蒐集市場資訊，拿自己與競爭者詳加比較，衡量機會大小，找出成功的實務做法，然後琢磨各種旨在達成成長、建立佔有率的策略。

成長小組首先鑽研現有的顧客資料庫，其中包含從數千份大調查以及其他顧客反應機制蒐集得來的廣泛資訊。成長小組分析這些資料，試圖理解福特維修業務的作業方式，以及其中行得通與行不通的地方。他們依據人口統計資料與服務紀錄進行顧客分析，詳加研究以經銷商、品牌、車款以及競爭對手進行區別的統計資料。他們也分析了製造資料，包括產量、缺陷與重做率、供應商品質以及保固期間的維修業務。

完成種種資料探勘工作之後，成長小組全心投入一項重要指標——把福特汽車拿回原廠保養的顧客比率。他們的發現透露著警訊。買車後頭一年，福特車主把車拿回原廠維修的比率，還不到所需的保養或維修工作的一半。對於那超過一半的服務項目，顧客顯然認爲福特經銷商並未提供特別的好處，因而把車拿到一般的連鎖保養廠或就近找間修車廠。買車後第二年以及之後，顧客需要維修服務的時候，回到福特經銷商進行保養的機率就更低了。

顧客對經銷商缺乏忠誠度的事實，令成長小組頗感詫異，然而競爭者擁有的顧客忠誠度，卻讓他們瞠目結舌。本田的成績遠遠凌駕於福特之上。購車後第一年，本田車主將七成的維修需求，交付給本田經銷商處理（順帶一提，鈺星汽車〔Saturn〕是獨樹一格的品牌，其顧客忠誠度甚至比本田還高。不過，鈺星提供的整體經銷商經驗，是福特客服部所無法複製的，因此福特仍以本田爲標竿）。

基於另一樁發現，成長小組更確信本田是最佳的效法典範。顧客忠誠度在第一年之後的下滑速度，本田與福特其實不相上下。因此理論上，如果福特能將顧客最初的忠誠度，拉抬到接近本田的水準，就能在整段顧客關係中，維持較高水準的服務量。基於這項洞見，成長小組估計他們可以讓福特的維修業務達到五十％以上的成長。

下一個問題是：福特如何迎頭趕上本田卓越的優質服務？是該回歸基本面剖析現狀的時候了。

成長小組視察數十家經銷商，發現本田將林林總總的維修項目，歸納成幾項群組式維修方案，並且明確定義每次維修之間的時間間隔。這些維修方案刊登在大型看板上，顯示每次維修的建議里程數，以及每套方案的基本價格，其複雜度大概跟在麥當勞點一份超值特餐差不多。

成長小組發現，本田經銷商並未將維修業務貶爲次等公民。相反的，他們將它視爲一項行銷工具。他們向顧客寄發通知書，提醒顧客下一次維修時間即將來臨，鼓勵顧客前往本田經銷商進行保養。通知書上的語言，暗示本田汽車是一部精密儀器，應該定期保養，而且只能交給最懂車子的本田維修專家。成長小組中的一員，太太是本田車主，他拿來本田經銷商寄給他太太的廣告郵件，其標題警告著：「別讓陌生人鑽到你的引擎蓋底下。」

成長小組即刻看出，對於本田而言，維修事業絕非一個附屬的利潤中心，它是銷售與行銷週期中相當重要的一環。顧客前來買車，銷售員說明標準的維修方案，帶顧客參觀維修部門，並且向他們介紹維修顧問。維修顧問檢查維修時間表，然後取得顧客的聯絡資料，定期在適當時機寄發提醒顧客進行保養的通知單。維修人員在汽車接近特定里程數時知會業務部門，業務員便開始接洽顧客，推銷新的車款和融資方案。

現在，福特成長小組開始將維修業務視爲機會，而非有待解決的問題。他們的研究顯示，福特經銷商系統總共擁有六萬多家保養廠，產能利用率大約六十%，主要業務是保固維修，經銷商可以從中賺錢，但福特本身完全無利可圖。如果一家飯店的住房率維持在六十%，這家飯店很快就會關門大吉。成長小組判斷，福特若能超越本田的顧客維繫率——甚至只要接近就好，經銷商的保養廠將能火力全開，整天轟隆隆地運轉個不停。

況且，提昇經銷商的維修業務，等於對 Midas、Pep Boys 和 Jiffy Lube 發動一場間接攻擊。如果福特跟顧客建立更好的維修關係，將能神不知鬼不覺地偷走大街上那些零售維修廠的生意。

儘管眼前商機誘人，但是如法炮製別人的做法，還是讓成長小組的某些成員備感遲疑。就在決定是否採用本田模式之前，成長小組開了一場關鍵會議，當時，一名小組成員面露痛苦神色。「那麼，在費盡心神、做盡分析之後，我們所要做的，只是模仿本田而已？」他如此問道。一陣令人尷尬的死寂。隨後，另一名成員打破沉默，說道：「別矇著你的眼，就抄襲吧。」這是數學家兼諷刺作家湯姆・萊勒（Tom Lehrer）所寫的一段歌詞，說的是在數學界領先群倫的最佳之道。

福特小組投票通過，著手採用群組式的服務方案。

複製本田脈動

落實策略的時候到了，叫一個自負的組織模仿死對頭的做法，尤其讓人拉不下臉。要求崇拜自己工作、尊敬自己組織的人，直接抄襲別人的構想或模仿另一家公司的做法，非但困難，簡直就是不可能的事。不過，要是他們相信自己能改良原始構想，使構想化爲自己的產物，就會投入其中全力以赴。

要複製本田服務的具體層面——維修項目群組以及提醒維修的廣告郵件——還算容易，難就難在促使福特經銷商遵循本田的精神步伐。本田經銷商衷心相信維修服務對其業務的重要性，而福特人則將維修視爲次等業務，或甚至是一件討人厭的工作。福特經銷商曾放任「一次搞定」計劃漸漸凋萎，福特汽車保養廠的概念甚至激不起任何漣漪。但這次的計劃完全不同。成長小組做了他們的功課，明白商機的宏大，也抱著求勝的意念。爲了致勝，他們必須讓每一個人明白，維修業務是一場值得一搏的戰爭。

改變觀念的過程中，遭遇的第一道關卡，就是一個很高的障礙：福特工程師。他們是職業汽車人，扯到工程問題時，更是不折不扣的純粹主義者。他們相信所有零件都有特定壽命。如果某項零件設定在六萬英哩時更換，六萬五千英哩時再換一次，就應該勸告顧客這麼做。「我不在乎他們是否遵照如儀，」一名工程師這麼說，「但是告訴他們這樣做對車子最好，是我們的職責所在。」這套歷經數十年的思維模式，產生了總計約一萬八千種不同的維修需求、時間間隔和維修方案。

成長小組和工程師之間展開幾次熱烈的會議，場面火爆，吼叫聲不絕於耳。「把一輛福特野馬和一輛 F250 超重量級卡車設定同樣的維修時間表？」一名工程師厲聲說道，「那是我聽過最荒謬的事情。」成長小組設法解釋，擁有一萬八千種維修時間表也同樣荒謬，而且或許是造成福特顧客忠誠度低迷不振的罪魁禍首。「如果顧客能夠明白也確實願意購買群組式維修方案，豈不比完全不做任何維修更好？」成長小組的成員問道。

工程師們堅持己見，直到成長小組找到一名盟友——福特卡車事業部的高階主管。他們邀請他參加工程師會議。成長小組再次說明，爲了創造成長，維修流程必須以顧客需求爲出發點，而不是著眼於工程師的執著。他們也描述了本田簡單易懂的維修方案。最後，在一場精心設計的企業戲碼中，他們搬出厚重的福特維修手冊——內容塞滿了一萬八千種維修忠告、建議、原則、警告和要求——然後砰一聲擲到桌上。卡車部經理被說服了。「你們是對的，」他說。在這名德高望重的工程師暨高階主管的支持下，成長小組開始改變福特內部對維修業務的觀感。

說服經銷商投入賽局

雖然說服了組織內部的相關人士並肩作戰，福特成長小組仍得面對最難搞又最重要的觀衆：福特經銷商。他們是不受拘束的一群人，多半成就非凡，熱愛銷售汽車，但是毫無興趣販賣維修業務。得到許可後不久，成長小組決定在亞特蘭大召開的經銷商會議中，針對最具影響力的福特經銷商進行一場現場簡報。「我們只有一次機會，」一名成長小組成員說，「我們知道自己必須提出一套深具說服力的計劃，並且讓經銷商明白他們可以從中得到什麼好處。」

遠在這場會議之前，成長小組的成員分別拜訪了幾家重要經銷商，蒐集了銷售資料及其他資訊。回到辦公室之後，他們針對每家經銷商建立一套預測模型，並利用它計算顧客忠誠度的提昇，能爲經銷商貢獻多少利潤。

會議中，成長小組只向經銷商秀出三張投影片——顧客忠誠度對比圖、本田維修業務要素，以及顧客持有福特汽車的生命週期。他們對經銷商指出，倘若能將維修業務納入整體策略中，福特將能創造決定性優勢。福特銷售汽車給顧客，瞭解顧客及其需求，因此搶盡了掌握顧客維修忠誠度的先機。其他維修公司或保養廠沒有這項優勢。他們唯有在顧客需要例行保養或出現維修問題時，才有機會接觸顧客。簡而言之，維修生意要丟或不丟，完全操在福特手中。

燈光亮起，福特高階主管挨在每一位經銷商身旁坐下，一起討論筆記型電腦上的預測模型，檢驗經銷商的維修業績。數字甚至比台上的報告人更有說服力。經銷商明白維修業務一年可以帶給他們高達二十萬元以上的營收，而且幾乎不需任何額外開支。

成長小組試著促使經銷商達成協議。「我們不想讓他們感到難堪，」一名成員解釋，「經銷商都有些傲氣，得讓他們自己說，『我不這麼做就瘋了』。」到了會議尾聲，經銷商會議點頭認同群組式的維修方案。

在最具影響力的經銷商核准之下，福特小組向整個經銷系統提出這項方案。「我們知道自己得動作快，」一名成員回憶道，「我們必須在一年內推動完成，否則經營團隊就會切斷援助。我們也必須踏實一點，這件事真的得發揮成效，不然我們就死定了。」

成長小組徵召其他專案的福特經理襄助，想盡辦法籌錢，逼自己用盡最後一分力氣。他們在全國兩百個定點巡迴演說，接洽四千多家經銷商。成果比他們原先指望的還高；超過三千四百家經銷商宣佈加入。他們豎起維修方案看板，向顧客寄發維修通知單，最重要的是，將維修業務融入整體銷售活動中。

福特客戶服務部連續四年達到兩位數字的成長。正如福特預期，這場間接攻擊搶走了Midas、Pep Boys和其他獨立保養廠的生意。策略成效如此斐然，導致福特客服部門擴大維修業務範圍，納入換輪胎的服務。頭十二個月裡，福特客服部的輪胎業務從幾近於零，成長到更換百萬顆輪胎的規模。

早先幾次徒勞無功的模仿，讓福特明白光仿效成功計劃的細節是不足以成大事的。你的組織必須重新創造，並且滋生由衷的熱情。成長小組在研究過程中滋生熱情，進而實現了商機的潛力。當工程師明白對他們鍾愛的汽車而言，群組式維修方案遠勝過根本不維修，於是對專案滋生了熱情。經銷商見到留在檯面上的大筆鈔票只要稍微調整做法就可以落入他們的口袋時，也開始滋生熱情。

援用他人概念的做法與陷阱

援用競爭對手的概念，聽起來簡單，做起來不易。對競爭者或其他行業有益的概念，也許跟你的經營模式格格不入。它也許無法帶給你競爭優勢，甚至可能害你一敗塗地，淪入關門大吉的命運。

只模仿能助你取得領先地位的概念。不論汲取的構想來自業內或業外，模仿有賴於找出一種在你確實理解並成功移植之後，有潛力大幅提昇業務績效的做法。

挪用某一項做法時，你必須利用借來的構想成為業界領袖；尤其當你效法的對象是競爭對手時，更應如此，否則你將使自己陷入進退維谷的窘境。或者更糟的是，你將被視為一個笨拙的仿冒者，一家只會依樣畫葫蘆、連抄襲都做不好的公司。想想那些借了麥當勞的概念，卻打不過麥當勞的二流速食業者——從哈帝漢堡（Hardee's）之流的全國連鎖店，到數不清的地方性連鎖店和家庭式小店。ＩＢＭ和柯達盲目剽竊影印機概念，結果只搞了個仿冒品。凱瑪特模仿家居貨棧的概念，開設了建築家廣場(Builders' Square)，非但沒帶來競爭優勢，還成了一大麻煩。小幅刪減成本或逐步提昇品質都不啻爲好事，但是這些功夫若是只能帶給你第二或第三的地位以及剽竊的名聲，就不值得你花力氣仿效。

借用能助長間接攻擊的概念。強硬派業者盡量避免正面競爭，只有在借來的概念有助於迂迴攻擊時，才予以援用。理光（Ricoh）透過一場針對全錄（Xerox）的間接攻擊，扭轉影印機市場的競爭態勢。理光仿效全錄的機器，但他們透過小型經銷商銷售給小型企業，以低價及局部的服務取得了競爭優勢。全錄毫不理會這項攻擊，衷心相信自己的大型機器和服務導向能使他們穩佔競爭優勢。不過，一等到租約到期，全錄便開始流失顧客，其影印機業務受到重創。

徹底仿效，展現破釜沉舟的決心。最常發生的迷途狀況，就是只模仿一半而且沒有投入充分的決心。半調子式的模仿，可能導致組織、流程及人員產生複雜曲折的衝突與矛盾。

航空公司特別容易出現這種笨拙的剽竊，而他們最喜歡模仿的對象，就是西南航空公司。大陸航空(Continental Airlines)最早進行仿效，該公司於一九九三年推出CALight，隨後在一九九四年更名爲Continental Lite。和西南航空一樣，Continental Lite也提供頻繁班次、低廉費率、快速登機與下機，以及簡單樸實的服務。他們一開始創造佳績，在其鼎盛時期，Lite佔了大陸航空總載客量的三分之一。但是Lite驟然夭折。大陸航空開除了執行長，認賠作收，在一九九五年結束Lite的營運。

出了什麼差錯？Continental Lite雖然把西南模式的某些層面模仿得維妙維肖，但仍保留母公司的許多特徵。舉例而言，Lite傳承大陸航空支付佣金給旅行社的慣例，但卻砍低佣金比率，惹惱了旅行社，破壞雙方的合作關係。Lite採用大陸航空的哩程酬賓會員計劃，但提供差一級的優惠，把兼坐大陸航空及Lite的顧客搞得暈頭轉向、大表不滿。Lite採用劃位模式，減慢了登機與下機的速度。它也允許行李轉運，導致較長的停機時間，提高了遺失行李以及引發乘客不耐的機會，並且因而產生對航運系統的依存性，進一步減慢營運的速度。而且，就像它的母公司，Lite的飛機艦隊摻雜各種機型，因此提高了訓練、維修與排班的成本。Lite畫了一張酷似西南航空的臉孔，但卻忘了植入其經營模式的心臟。

經內化之後，讓模仿成爲自己的產物。徹底仿效一個成功模式，但仍加入讓新版本擁有其本體性的差異與特色，是有可能做到的。

瑞安是唯一一家航空公司，在模仿西南航空之際卻沒有淪爲原創構想的蒼白陰影。瑞安航空成立於一九八五年，載運乘客往來於愛爾蘭瓦特福郡與倫敦蓋特威克機場之間，幾年來慘澹經營，直到新的管理團隊隨著生氣勃勃的副總裁麥克・歐萊瑞（Michael O'Leary）在一九九〇年走馬上任之後，這家航空公司才打破牛步化的成長速度。那一年，歐萊瑞飛往德州會見西南航空的創辦人賀伯・凱勒赫（Herb Kelleher），帶著遵循西南模式的決心返回愛爾蘭。那意味著將一家小型而傳統的航空公司改頭換面，變成一個簡單樸實的服務供應商，提供單一艙等，摒除工會及旅行社，在費用低廉的次級機場設立據點，並且建立一個完全以全球最受歡迎的飛機——波音七三七構成的艦隊。噢，對了，機票費率將低得嚇人——倫敦到羅馬的單程票價最低只要二十七美元。

瑞安航空一炮而紅。二〇〇二到二〇〇三年間的財務年度，該公司的稅後利潤成長五十九%，營業額成長三十五%。二〇〇一年及二〇〇二年，他們的乘客名單分別成長一倍以上。一家競爭者表示，瑞安不應該被稱爲「低成本航空公司」，該叫做「高利潤航空公司」④。

瑞安航空在什麼地方一擊中的？最重要的一點，他們徹底複製了西南航空的模式，並且展現高度的熱忱與決心。誠然，身爲一家小型的區域性航空公司，他們沒有大陸航空所需面對的歷史包袱與複雜度，這使得他們的轉型容易一些。歐萊瑞也有激勵員工的本事，在組織內灌輸和凱勒赫注入西南航空相同的電力與使命感。歐萊瑞聆聽西南航空的心跳聲，然後在瑞安航空複製其脈動。

強硬派業者不懼怕學習別人的成就。這是一件好事。當史提夫·賈伯斯在全錄的帕洛阿圖研究中心看見圖形人機介面的早期模型，他明白自己見到了寶藏。假使他等閒視之，蘋果電腦還會存在嗎？假使豐田喜一郎沒有運用他從福特學到的及時生產技術，又會是什麼情形？

強硬派業者牢牢抓住眼前的好構想，然後在原來的模式中注入新特色——改善它、調整它或詮釋它。不用多久，原本可能被視爲剽竊的舉動，即可搖身一變成了一大創新。

5
誘使敵人退出主要戰場

讓競爭者進入無利可圖的市場

慫恿競爭者退出你最感興趣的領域，

轉戰其他範疇，最好的方式之一，

就是善用你優越的成本知識。

如果能誘拐競爭者進入他以爲利潤豐厚

（基於貧乏的成本知識）

其實無利可圖的市場，

也許就能把他推出你最賺錢的事業戰場，

一併使他成本上揚、利潤萎縮、佔有率下滑。

在特定情況下，有可能誘使競爭對手退出某個對你而言極為重要且非常賺錢的事業領域。你可以採取行動，誘拐競爭者進入另外一個事業領域，那或許是你們兩家公司都有所涉獵的範疇，但是對你而言較不重要、利潤較低。慫恿競爭者退出你最感興趣的領域，轉戰其他範疇，最好的方式之一，就是善用你優越的成本知識。如果能誘拐競爭者進入他以為利潤豐厚（基於貧乏的成本知識）其實無利可圖的市場，也許就能把他推出你最賺錢的事業戰場，一併使他成本上揚、利潤萎縮、佔有率下滑。你誘使競爭者相信自己挖到了金礦，其實墜入了兔子洞（譯註：引自愛麗絲夢遊仙境；愛麗絲因為追逐白兔而掉進兔子洞，跌入一個奇幻世界，展開一段精采冒險，然而到頭來，一切不過是一場夢）。此種間接攻擊模式，是所有強硬策略中最複雜也最狡猾的一招，有賴於你對自己及競爭者成本與價格的優越知識。

一九七〇年代至八〇年代之間，日本製造商巧妙運用此種策略攻擊並進佔西方市場諸多產業。日本公司首先在高銷售量的市場區隔（通常是低階商品）扎下根基，而西方世界的競爭者通常認為低階市場的利潤太低，不值得為此一戰，因此相對於殺價競爭或降低成本，他們的反應動作是加強商品功能，藉機調漲價格。發展到了最後，他們得棄守整個低價位區隔，專心致力於高階商品，導致整體市場佔有率節節敗退。

一俟西方競爭者退出低階市場，日本公司即再度發動攻擊，這回是以競爭者賴以維生的高價區隔爲目標。逐步提昇商品層次之際，他們會仔細掌控成本，因而總能制定低於西方競爭者的價格。

隨著日本企業越來越擅於征服市場，逐步攻佔越來越高階的區隔，西方競爭者自欺欺人的功夫也越來越老練；他們相信自己以計謀打敗日本企業，因爲他們將較低價值的大宗商品市場拱手讓給日本人，自己則搶佔肥美的高利潤區隔。他們相信日本企業欠缺足夠的技術或能力，無法在這些高階區隔中挑戰他們。

這些西方競爭者完全不明白經驗能對成本造成怎樣的效應，而且就連他們自身的成本也所知不多。他們並不明白，隨著單位產量逐日增加，日本業者將能運用累積的經驗刪減成本，使單位成本漸漸下滑。反過來看，西方競爭者在增加商品的功能與複雜度之際，單位產量隨之萎縮，導致單位成本逐步上升。日本業者也受惠於他們的品質技術，這讓他們有辦法逐步降低製造成本，不論產量多高。品質技術也導致更好的商品品質，使得他們能夠達到較低的「全生命週期」成本（"in-service" costs）——那些因保固、服務及維修所衍生出的成本。

漸漸地，日本商品的品質提高了消費者的期望。許多西方企業雖然開始展開品質運動，但他們無法在一夕之間趕上日本商品的品質，因此必須投入更多資源在商品的全生命週期——提高服務水準、允許更多保固維修並且接受無條件退貨。這些活動進一步加重成本負擔，甚至到了許多業者再調漲價格也無法涵蓋成本的地步。他們只好退出市場，或者退守特殊的立基點。

以下這些產業，是日本業者透過拉高競爭者成本而取得決定性優勢的一些實例：

- **滾珠軸承**。光洋精工（Koyo Seiko）、日本精工（Nippon Seiko）和東洋軸承（Toyo Bearings）引領日本業者襲擊西方製造商，攻擊對象包括瑞士的ＳＫＦ和德國的ＦＡＧ，方法是提供有限的商品，集中火力進攻高產量的汽機車零件市場。
- **機車**。本田及後來的山葉與鈴木，直搗諾頓（Norton）、凱旋（Triumph）和哈雷等西方業者的市場。他們首先推出小型的低價機車，然後隨著西方業者退入更大型、更高價的商品而逐步進軍高階市場。
- **工具機**。山崎（Yamazaki）和其他日本業者推出簡單、低價而高品質的工具機，把辛辛那提米拉克龍（Cincinnati Milacron）、英格索蘭（Ingersoll Rand）和其他業者驅逐到較高階的市場區隔。

・**影印機**。理光和佳能挾著功能有限的低價設備進軍辦公室影印機市場——那是全錄這些西方競爭者所欠缺的商品。需求量大幅起飛，讓日本業者有能力投資創造具有更多功能的商品，進而跨入全錄商品線的核心。

這項讓日本業者在一九八〇年代所向披靡的策略，幾乎可以運用在任何產業、任何市場。汽車零件製造商聯邦輝門（Federal-Mogul），在一九九〇年代初期擊潰對手JP實業的範例，就是一大明證。

聯邦輝門力挽獲利率下滑之頹勢

目前年營業額大約五十億美元左右的聯邦輝門，曾深陷獲利率下滑之泥濘，苦苦尋找改善獲利能力的方法①。

當時，聯邦輝門在北美的銷售對象可以分爲三大類別。第一類是大型的原始設備製造商（original equipment manufacturer，簡稱OEM），包括福特和通用汽車；他們大量採購許多不同種類的零件以供新汽車的製造所需。第二類顧客由一群規模較小的OEM組成——包括John Deere、Cummins Engine、Caterpillar、Navistar和通用及福特的重型車種部門；這些顧客購買的零件種類較單純、數量也較少。第三類顧客由維修廠、獨立經銷商和其他售後服務供應商組成，這些顧客只採購少量零件。

對聯邦輝門而言，每一類顧客都有不同的購買風格、往來關係與價値。大型OEM向所有供應商施加龐大壓力，一再要求壓低價格。儘管如此，聯邦輝門和其他供應商還是樂於擁抱這群顧客，寧可殺破頭也要搶奪這片低利潤市場，因爲他們知道大量生產能幫助他們降低成本。更重要的是，OEM業務是他們通往售後市場的鑰匙，他們可以在售後市場以較高利潤賣出各式各樣的零件。零件供應商幾乎以成本價賣給OEM，爲的是放長線釣大魚，進入利潤較高的售後市場。聯邦輝門不想退出OEM市場，但也找不到提高利潤的方法。

不過，該公司在第二類顧客——小型OEM身上，看到了一個大好良機。這些顧客的進貨量雖然低於大型OEM，但他們往往支付較高的單位價格，提供較高的毛利率。這些OEM同樣爲聯邦輝門打開肥美的售後市場。該公司決定投入更多心力擴展這些低量顧客的生意，尤其是引擎軸承業務。

聯邦輝門投入大約十八個月的時間在這項策略上，成功贏得更多小額的引擎軸承訂單。然而，增加的營業額並未如預期的提高該公司的獲利能力。聯邦輝門執行長丹尼斯・

鞏姆利（Dennis Gormley）帶著挫折與困惑，著手調查箇中緣由。如果公司銷售更多零件給這些顧客，每項零件的單位利潤都更高，整體利潤爲何絲毫不見提昇？

鞏姆利及其經營團隊在意想不到之處找到問題解答。製造部門採用的成本會計系統雖然是一套先進的、符合業界標準的系統，但是在總成本與產量的相對關係上，它卻帶給聯邦輝門一個錯誤的描繪。這套系統如實追蹤每項零件耗用的直接成本——原料、機器時間和直接人力，但它的設計卻將所有間接製造成本加總起來——包括折舊、間接人工（機器準備、維修、原料處理和監工等人力）以及庫存，然後平均分攤給每一項零件。正因如此，低產量零件的製造成本在表面上就低於實際情況。聯邦輝門的定價，一直建立在錯誤的成本計算之上。找出實際成本之後，聯邦輝門又驚又恐地發現，該公司某些時候竟以低於成本的價格出售引擎軸承。難怪利潤絲毫未見提昇。

直接送錢給小型ＯＥＭ顧客，恐怕還省事一些。

來自敵人的靈感

聯邦輝門考慮針對現有的引擎軸承小額合約調漲價格，但又擔心顧客因此拋棄他們，轉而跟特別惹人厭的競爭者——ＪＰ實業做生意。

ＪＰ實業是一家美國公司，隸屬於英國的Ｔ＆Ｎ集團。Ｔ＆Ｎ曾是歐洲最大的汽車零件供應商。雖然母公司在歐洲掌握許多高額的生意，但在美國大型ＯＥＭ的業務爭奪戰上，ＪＰ實業充其量是個惱人角色，算不上什麼嚴重威脅。基於大訂單的規模而擁有優越成本地位的聯邦輝門，贏得了絕大多數的業務合約。

然而，ＪＰ實業積極搶奪小型ＯＥＭ的引擎軸承小額訂單。更煩的是，他們的價格起伏不定，往往低於聯邦輝門的出價。這實在令人想不透，ＪＰ實業的小額業務規模並不比聯邦輝門大多少，實在不應該具備任何成本優勢。

聯邦輝門的管理團隊斷定，ＪＰ實業必定亟需現金。這是合理的推斷，因爲ＪＰ實業藉由一連串購併活動擴充版圖，過程中累積了龐大債務。然而，他們的製造成本仍有可能很低，因爲ＪＰ實業的廠房設備較爲老舊，都已經過充分折舊。

對於針對小型ＯＥＭ的引擎軸承小額訂單調漲價格一事，聯邦輝門的管理團隊展開一場優缺點之辯。許多人相信這筆生意雖然利潤不高，但仍有其重要性，因爲它能幫忙分攤間接費用。他們也相信如果將生意拱手讓給ＪＰ實業，聯邦輝門的佔有率將急速下滑，而ＪＰ實業終將囊括所有小額業務。最後，韋姆利認爲聯邦輝門不能繼續承受小額業務的虧蝕，必須試著提高手頭上的引擎軸承小額合約之價格。

價格調漲——尤其是針對既定合約，在汽車業界幾乎是前所未聞的。情況通常反向而行——OEM在合約終止之前，跑來要求供應商調降價格。但是鞏姆利知道，聯邦輝門手上握有一些王牌。它是業界的龍頭老大，已經跟大多數顧客建立了長遠關係。最重要的，鞏姆利知道顧客換掉聯邦輝門轉投另一家供應商，需要付出很高的轉換成本。顧客必須歷經尋找並驗證新供應商的複雜流程，而新供應商則需斥資開發新工具、展開測試產品是否符合規格然後建立庫存的冗長過程。即便擁有這些優勢，鞏姆利認爲將顧客流失率壓到最低的最佳之道，就是由他親自出馬遊說主要客戶。

鞏姆利向當時掌管通用汽車北美業務的瑞克·瓦格納展開遊說，聯邦輝門供應引擎軸承給該公司低銷售量的柴油引擎事業部。「我和瑞克以及他在採購部門最親密的十位戰友會晤，」鞏姆利回憶道，「當我告訴他，我們在通用的某些生意上究竟虧了多少錢，他問，『情況眞的那麼糟嗎？』我告訴他，他的生意讓我們的每股盈餘少了五分錢。他說，『好吧，那就這麼辦吧。』」

出乎鞏姆利意料之外，大多數OEM同意提高現有合約的價格。「顧客接受我們的分析，」鞏姆利表示，「他們不喜歡漲價，但是換掉聯邦輝門之後還得驗證另一家廠商的念頭，更缺乏吸引力。」

解決了小額合約的賠錢問題後，鞏姆利再度將矛頭轉向原本的疑問：如何提昇獲利能力？

如今查明小額訂單的實際生產成本，未來的簽約價格便能以此爲據。或許會更常出現競標失利的情況，但是較高的單位利潤也許能抵過這些損失還有餘。至於小額訂單下滑會對大額業務的利潤造成怎樣的衝擊，他們還無從得知。那些訂單的獲利率也許會隨著降低，抵銷小額業務所提昇的利潤。

揭露成本會計實相的一個正面意義是，聯邦輝門如今知道高銷售量的零件成本，其實比他們原先以爲的低廉。正因如此，他們覺得自己抱著一個天外掉下來的利潤緩衝器。如果大量進貨的OEM在合約終止以前要求他們降價，公司吸收價差的能力比他們原本預期的強。

鞏姆利和他的團隊琢磨，是否可以運用新取得的成本知識達成提高利潤率的目標。大多數供應商採用同一套領著聯邦輝門誤入歧途的成本會計系統。因此，JP實業八成搞不清楚生產低量零件的實際成本。畢竟，由於他們的機器設備已經充分折舊，因此其固定成本非常低廉。假使會計系統讓每項零件分攤很少的間接成本，JP實業對於成本的認定，恐怕比實際成本低出許多。他們也許和聯邦輝門原本的想法一樣，相信小額訂單的利潤遠比實際情況來得豐厚。

於是，聯邦輝門想出一個聰明的（幾乎稱得上狡猾的）構想。假定聯邦輝門在引擎軸承小額訂單的投標戰中，故意出價過高，增加JP實業打敗聯邦輝門的機會，結果會怎樣？不用多久，JP實業將認定聯邦輝門之所以搶標失利，是因爲他們調漲了價格。JP實業也許有提高價格（至少提高一點點）的勇氣，但調幅絕不足以產生眞正獲利。多虧JP實業更常在競標戰中打敗聯邦輝門，其小額訂單業務也將呈現正面成長。經營團隊會誤以爲小額業務所貢獻的利潤遠高於實際狀況（感謝他們不準確的成本會計系統），於是被誘導追逐更多小額訂單。他們的成本將會上揚，利潤下滑，而他們將不明究理，至少不會立刻弄清楚狀況。

想來覺得更妙的是，在JP實業成本上揚而利潤下跌之際，其成本會計系統可能認定JP實業的大額訂單是罪魁禍首，因爲在會計系統上，大額訂單的毛利率看來比小額訂單略遜一籌。有鑑於此，JP實業可能提高大額訂單的價格，如果有意願且必要的話，聯邦輝門將可以輕鬆地削價競爭，進一步拓展大額生意的業務量。

按捺嗜血衝動，取得競爭優勢

聯邦輝門如今擁有壓過JP實業的競爭優勢。感謝其優越的成本知識，該公司如今可以針對小額訂單制訂夠高的價格，如果真的贏得生意還能略有賺頭。萬一輸給出價較低的廠商，像是JP實業，那麼該競爭者或許無法從這筆生意得到利潤。敏銳的成本知識同時促使聯邦輝門在高銷售量的商品上，制定更大膽的價格策略，因而贏得更多筆生意，幫助累積產量規模，導致成本進一步下滑。

然而，一項危機隱隱蟄伏於策略之中：聯邦輝門本身的競爭本能。聯邦輝門很有機會鞏固其競爭優勢，成爲決定性優勢，因而順理成章地進一步誘拐JP實業深入兎子洞裡，直到無法跳脫。畢竟，JP實業的財務狀況並不穩定。它很可能搞不清發生了什麼事（因而著手改變策略），然後冷不防地大難臨頭。鞏姆利深知，他的經營團隊在高固定成本的割喉產業中身經百戰，莫不認定沒什麼事情是比贏得生意更甜美的了，不論這筆生意的利潤多低。但他明白如今情況不同：有時候輸掉生意給JP實業，結果還要更好。

鞏姆利不希望JP實業因高漲的成本而大傷元氣，非得宣佈破產、退出市場或將公司脫手不可。在破產法的保護，或者可以在劃減資產帳面價值的新業主帶領之下，JP

實業恐怕變得更難以對付。他們也許能進一步降低成本，而當面臨絕境時，JP實業可能攻擊聯邦輝門的大額生意，展開一場絕地大反攻。「我們希望讓他們保留一線生機，賺取只夠維持營運的利潤，」鞏姆利說，「我們利用定價策略誘導他們爭取我們不要的生意，遠離我們感興趣的業務。」

於是，聯邦輝門持續參與小額訂單的競標，出價巧妙地高到會輸掉大多數生意，但低到足以讓JP實業維持薄利的水準。為免JP實業看出端倪，聯邦輝門偶爾開出適足以贏得小額訂單的價格，有時也讓JP實業搶到大額訂單的生意。不過，聯邦輝門運用定價戰術，讓JP實業永遠搶不到該公司最賺錢、最重要的商品訂單。

聯邦輝門發現領袖地位有時而盡

追求高利潤率，只是聯邦輝門整體宏觀策略的一個面向而已：它期許自己成為全球業界領袖，不只在北美市場引領風騷。聯邦輝門雖然和美國車廠關係深厚，但他們跟日本車廠毫無生意往來，在歐洲也幾無立錐之地。鞏姆利相信，聯邦輝門持續成長的唯一管道，就是以最低成本和最高品質成為首選的全球供應商。小額訂單的定價策略發揮預期成效，帶領聯邦輝門得到更輝煌的勝利。到了二〇〇〇年，聯邦輝門成為寶馬、賓士、通用和福特最主要的引擎軸承供應商，也贏得日本車廠的一些訂單，成功逆轉了獲利率下滑的趨勢。

然而，情勢開始出現惡化。聯邦輝門制定了一套成本刪減計劃，但是成果不如董事會預期的來得快。經濟衰退也對業務造成衝擊。此外，該公司進軍汽車零件零售市場，但是迭遇問題。獲利能力雖出現改善，但提昇的速度不足以令董事會滿意。一九九六年，董事會要求鞏姆利下臺。

鞏姆利的接班人李察・思涅耳（Richard Snell），決定透過企業併購追求成長與更高的獲利。聯邦輝門決定收購JP實業的母公司——T&N集團，該集團生產包括煞車皮在內的一系列汽車零件。受到相信兩家公司具有「完美綜效」的投資銀行家所鼓吹，聯邦輝門原本就有意收購T&N集團，但鞏姆利否決了這項併購案，因爲T&N正因石綿（運用於煞車皮的一項原料）的使用而有多項官司纏身。鞏姆利相信T&N的負債可能越滾越大，遠超過投資銀行家的預期。但是思涅耳決定冒險。他輸了。T&N的負債如滾雪球般地越來越繁重，聯邦輝門因此被迫尋求破產保護。

儘管如此，鞏姆利運用強硬定價策略精心打造與呵護的引擎軸承事業，仍然持續興盛發展。

找出拉高對手成本的良機

幾乎任何一個產業的任何一家公司，都可以發動聯邦輝門用來對付JP實業的強勢攻擊。然而爲求成功，企業必須準備妥善，而且整體條件必須配合得天衣無縫。機會最常出現在具有足夠複雜度的產業，競爭對手也許搞不清楚某一項或多項商品的眞正成本。我們曾在許多產業見到這類大好機會，例如壽險、私用交換機（PBX's）、物流、商用客機和不動產開發業。這些產業雖各自不同，但存在著幾項共通特點：

- **主要競爭對手提供廣泛的商品或服務範疇**，採用複雜且多程序的製造流程及服務遞送系統。
- **主要競爭對手所提供的各式商品之間，呈現龐大的銷售量差距**。有些商品的銷售量極大，另一些商品的銷售量屈指可數。此外，不同顧客的進貨量也呈現極大差異。少數顧客下單額度驚人，其他多數顧客的訂單額度則小得多。銷售量之間的差距造成極大的成本差異，大幅加深企業正確分攤成本給特定商品或訂單的難度。
- **龐大的間接成本**。正如聯邦輝門的案例所示，分攤間接成本——包括SG&

A（銷售、一般與行政）、間接製造費用和顧客服務——給特定商品，是一件非常困難的工作，尤其當你生產許多不同商品且商品數量差異很大時。間接成本若超過加值成本（value-added costs）的五十％，就非常可能出現分攤失當的情況（加值成本指的是企業將原料轉換爲成品時，一切內部活動所造成的成本）。

・**最難正確分攤的間接成本，與創造及管理顧客關係所產生的成本有關**；包括推銷、維修服務、處理特殊訂單、處理退貨以及提供個人化的融資或付款條件等活動。這些間接成本若居高不下，與某些顧客的交易利潤看起來將會比實際情況來得高。

・**某些員工的酬庸（通常是業務及行銷相關人員）與他們的毛利貢獻度密切相關**；此類酬庸誘因，可能讓這些員工花較多心力應付那些願意付最高價的顧客。雖然這些顧客的毛利率往往很高，但服務成本也相對提高，而且往往分攤失當。

・**競爭大體以價格爲基礎**。這類環境最適合採用價格策略，利用競爭者對不同區隔的眞正成本認知失當而佔其便宜。

・**產業正值快速成長期**。產業蓬勃發展之際，管理往往變得草率輕忽。在業績和利潤飆升的情況下，許多企業對成本會計漫不經心，對於特定商品的製造成本，也只有模模糊糊的概念。他們或許沒有察覺強硬競爭者的定價舉動（或者選擇不予理會）。

・**業界的競爭者不算太多，但也不算太少**。在只有兩三家主要競爭者的產業中，企業通常密切留意彼此的舉動，很難神不知鬼不覺地發動間接攻擊。然而在衆家爭鳴的產業裡（五家以上），企業又很難透過定價影響所有競爭者做出預期的反應。企業對某一競爭者的攻擊，可能因其他競爭者的行動而受到影響。好比說，如果聯邦輝門有好多個競爭對手，而他們選擇積極搶攻小額訂單，ＪＰ實業有能力贏得的生意，或許還不足以拖垮整個公司。

價格攻擊前的準備以及應避免的陷阱

準備拉高競爭者成本之前，必須先去除自身成本的平均化現象。用來服務低交易量顧客的活動與營運，應該與服務高交易量的顧客拆開來，讓每一項設備、流程及服務，分別歸屬於某一種型態的交易。對多數企業而言，此種做法能讓經營團隊對每種顧客範疇、特定客戶、商品與服務的眞正成本，得到正確的概念。

成本拆算（cost disaggregation）並不容易做到。有些顧客可能同時購買高交易量和低交易量的商品，此時，若以單一窗口面對這些顧客，掌握整體且全面的顧客觀，可能對公司有好處。拆算成本若是過於麻煩或者會危害顧客關係，你也許不適合採用拉高競爭者成本的策略。

若能進行成本拆算，下一步就是分析競爭者的成本結構和定價行為。最好的方法，是找出你和競爭者的不同之處，例如設備與儀器、複雜度及產量，然後估算你的成本和競爭者成本之間的差異。

接下來，由於你已洞悉自身成本分攤失當之處，你可以明智地推測競爭者可能在什麼地方做了錯誤分攤，進而判斷這些錯誤的分攤，可能讓競爭者對特定商品或顧客的利潤率出現怎樣的認知偏差。檢驗競爭者對這些商品的實際定價，你可以清楚看出其定價是否反應眞正的成本。

確知競爭者毫無力量招架價格攻擊之後，你需要決定這場攻擊所要達成的確切目標。你希望影響競爭者，讓他針對特定顧客型態調漲價格？還是希望競爭者遠離打算購買特定商品的所有顧客？設定目標時，要把顧客的需求及福祉擺在心裡。強硬派業者希望削弱競爭對手，但絕不願意損傷或危害他們的顧客。

一旦設定目標，你必須選擇一項能達成目標的成本拉抬策略。此類策略包括：

．**加強掌握以造成低利潤的低價大量進貨的顧客**。這些顧客往往是最有必要爭取和維繫的重要客户，因爲他們的高交易量可能是你壓低成本的關鍵所在。針對這些顧客所設定的價格，必須讓你盡可能贏得他們的生意。同時，你必須壓縮服務這些顧客所產生的成本，以便提高你的利潤率。

．**甩掉低價低量的顧客**。這些是不受歡迎的顧客，但在那些成本認知不清或重視搶贏生意勝過一切的競爭者眼中，他們可能是一頭肥羊。你的定價必須夠高，以便讓競爭者搶到大多數生意，但不要過高，以免讓競爭者賺取可觀利潤。

．**維繫願意出高價的低交易量顧客，但隨時準備在顧客開始對價格斤斤計較時拋棄他們**。在競爭者發現他們並且展開削價競爭之前，與這些顧客作生意是有利潤可圖的。不一會兒，這些顧客就淪爲不受歡迎的低價低量客户。屆時，你應該設定能鼓動競爭者爭取並贏得這些生意的價格。

．**維繫願意支付高淨價的高交易量顧客**。此類顧客難能可貴，你應該加強雙方關係，趁還能享受其生意的時候盡量享受。一旦出現競爭（這是在所難免的），你應該努力維繫這些客戶，並且藉由提高他們的轉移成本來維持高價。你可以加強服務、承擔顧客部分加值步驟，或者提供鼓勵大量進貨及長遠關係的價格誘因。

·**提供誘因予同時購入高交易量及低交易量商品的重要顧客**。主要購入低利潤、高交易量商品的顧客，可能也需要高利潤率、低交易量的商品。你可以提供誘因（例如折扣），鼓勵顧客一併向你購買高交易量及低交易量的商品，不過你得跟顧客說明白，唯有繼續跟你下高交易量的訂單，方能享受這些提供給低量生意的折扣。

不論採行哪一項策略，你都必須藉由商品及流程改造，努力降低你的成本。較高的交易量、較豐厚的利潤和較低成本的組合——再加上競爭者日漸攀升的成本，可以創造出強大的競爭優勢。如果你能達到最低的製造與服務成本，同時創造出競爭者所不能及的龐大現金流量（這讓你有更多資金挹注於你的事業），你也許能達到決定性優勢。

拉抬競爭者成本是一步險棋。你對成本、定價和行爲的洞察必須正確無誤，行動必須大膽；走錯一小步路都可能危害整盤佈局。

企圖成爲高交易量區隔的龍頭老大，並且試著將競爭者推向高利潤、低交易量的顧客，藉此拉高對手的成本，是個背水一戰的策略。你將刻意放棄某些訂單，以便鞏固其他交易。如果無法贏得鎖定的目標顧客，你的營收和利潤都會遭到重創。

一旦展開成本拉抬策略，就得小心翼翼，別讓自己的降價舉動失去了意義。你可能大舉贏得衆多高交易量的生意，使成本及價格一路下滑，一直降到顧客失去感覺的地步。價錢夠低之後，顧客開始更在乎其他因素，例如特性與功能。此時，顧客願意溢價購買更吸引人的產品，使得低量生意的利潤，反倒超越了高交易量的生意。

德州儀器（Texas Instruments）在計算機和手錶市場的攻勢，就掉進這種讓顧客覺得無關痛癢的陷阱。該公司恣意拼業績、壓縮成本、降低價格，因而在兩項商品市場上搶佔了領先地位。手錶和計算機的零售價格跌到美金十五元以下，德州儀器雄霸包括超級市場和折扣商店在內的高流量通路。

卡西歐（Casio）、夏普（Sharp）和精工（Seiko）——全爲日本企業——一開始隨德州儀器而起舞，大幅砍價並刪減商品的設計及製造成本，努力追求高銷售量。然而在價格跌入谷底之後，日本企業開始推出功能大幅超越德儀商品的新款項。由於實在很便宜，消費者願意多付一點錢換取更多功能，諸如計算機的太陽能電力、更多數學運算公式，以及流行的手錶款式等等。沒過多久，德州儀器汲汲營營追求更高銷量和更低成本的努力，開始讓顧客覺得無關痛癢，日本業者一舉攻下整個市場。

如果過去五年來，你不曾仔細檢驗你的成本——或者如果你相信競爭者不曾這麼做的話，那麼在你的成本結構裡，很可能蟄伏著一個改善利潤、削弱競爭對手、擴展影響力的重大商機。

成本拉抬策略亦有其限制。顧客固然看重價格，但他們也在乎其他層面，包括商品特徵、品質、時間與地位。因此，在你興致高昂地投入這項強硬策略之際，請記得硬漢哈利（譯註：Dirty Harry，電影《緊急追捕令》主人翁）的臨終遺言：「做人當知自己的極限②。」

6
打破市場成規
未提出抱怨，不表示顧客已獲得滿足

企業若要創造爆炸性成長，
就必須打破市場成規，
亦即發掘可以打破的妥協。
所謂妥協，是指產業迫使顧客做出的讓步，
而顧客之所以接受讓步，
往往是因為他們相信這種做法舉世皆然——
「事情向來就是這麼做的」。

對於追求突破性成長的企業而言，力道最強的強硬策略莫過於打破妥協。

家居貨棧打破DIY（自己動手做）家居修繕業與生俱來的妥協，在一個早已習於一年成長不到五％的產業中，締造二十七％的年成長率。藉由打破航空業的妥協，西南航空過去十年來的成長速度，高達業界平均的七倍，躋身最賺錢的航空公司之列。一九八四年，克萊斯勒創新推出迷你箱型車（minivan），打破汽車業的妥協，其後十年內，迷你箱型車的客層以八倍於整體業界的速度增長，該公司至今仍維持其領袖地位（不過身爲克萊斯勒最大金雞母的迷你箱型車市場，目前正遭遇對手攻擊；請參閱第四章）。

家居貨棧、西南航空和克萊斯勒的高層團隊，皆具有智慧、好奇心和毅力，能夠挖掘、探索然後打破業界迫使顧客忍受的妥協。他們藉此釋放受困其中的龐大價值，因而激發顯著的業績與利潤成長。

妥協（compromises）是什麼？爲了理解妥協，首先必須區分妥協與選擇（choices）的不同。消費者習慣也希望擁有選擇；他們希望在衆多不同性能、特色和價格的產品或服務中加以選擇。以紡織市場爲例，顧客能夠從包羅萬有的紡織品中進行選擇，以纖維織密度、紗線種類（棉、尼龍、羊毛、喀什米爾羊絨等等）、顏色及花色等特性加以區隔。尋找投宿旅館時，顧客能選擇各種不同商品，包括豪華渡假村、全方位服務的市區飯店、平價踏實的商務旅社、汽車旅館、全套房型旅館、渡假木屋及其他五花八門的選擇。不論哪一行哪一業，顧客明白價錢將隨選定的商品特色及品質而有所不同。

反之，妥協是產業對顧客選項的設限。以紡織業為例，紡織品寬度往往由不得顧客選擇，那是由紡織業慣用的織布機所主宰。在旅館業中，顧客會被告知一般的報到時間，通常是下午三點，而這是由客房服務部的工作班表所決定的。當業界普遍存在此類妥協，顧客甚至不將它們視為妥協，認為那是「這行運作的方式」而予以接受。

想想汽車保養的案例。大多數顧客寧可選擇什麼時候送車子去保養？週末。大多數經銷商和保養廠的營業時間是什麼時候？週一到週五。直到最近，才有一些經銷商開始在週末提供維修服務，不過只在星期六，而且往往只有早上的短短幾個鐘頭。顧客毫無選擇餘地；那就是汽車保養市場向來的運作方式。

顧客被各種妥協重重圍困。當辦理房貸的銀行調降利率時，屋主為什麼得花一大筆錢才能重新辦理房貸呢？這實在沒道理；那是銀行業為了把顧客鎖在高利率，而且在他們轉換房貸時大撈一筆手續費而設立的妥協。有些金融機構如今提供在利率下滑時自動進行調整的房貸。洗衣機和烘乾機在善盡洗衣之責的同時，為什麼不能擁有宜人外觀，成為家居佈置的一環呢？它們可以，某些製造商如今提供具有歐洲風格和一系列色彩選擇的洗衣機與烘乾機。

大多數妥協沒必要存在，沒有什麼自然法則規定汽車不可以在週末進行維修，或者旅館房間不能在下午三點以前準備妥當。妥協以種種方式悄悄蔓延於各行各樣。某些妥協以業界人士和顧客鮮少質疑的標準作業辦法，強加於顧客身上；其他妥協則源自某些企圖改變顧客行爲的決策，這些決策對企業具有邊際經濟意義。最嚴重的妥協發生在企業跟顧客漸行漸遠之際；他們以爲顧客看不到妥協，或者不提出抱怨，就表示顧客已獲得滿足。

接著，一些聰明企業堂堂登場，他們看穿這些妥協，然後想辦法破除。顧客也猛然驚覺妥協之存在，因而爲了新選擇的出現而歡欣雀躍。

CarMax：打破二手車市場成規

一九九〇年代初，電路城（譯註：Circuit City，美國數一數二的消費電器零售商）尋找成長契機，發現二手車零售市場埋藏著重大商機。該公司創立CarMax，打破消費者購買二手車時所需面對的妥協①。

二〇〇〇年以前，電路城這家電器零售大賣場一直享受著強勁的業績與盈餘成長。

然而它開始遭受日益猛烈的夾擊，對手包括 Best Buy（較之電器城，其品項較多但服務較少）及威名百貨（品項較少、服務較差但價格較低）。該公司已在全美完成致勝模式的全面推展，自體性成長日漸趨緩。

電路城召集資深主管組成團隊，以求找出新的生路創造成長。「我們摸遍了體育用品、汽車零件、家具和其他產業，試著挖出有趣的概念，」電路城的策略規劃資深副總兼小組領袖奧斯丁．利根（Austin Ligon）如此說道。「我們的標準簡單明瞭。我們要找的是一個具有龐大成長空間的大事業；一個尚未出現其他強勁的大賣場業者、競爭局面最好紛擾凌亂的事業；一個我們的零售及管理能力能帶來競爭優勢的事業；一個消費者需求顯然且強烈地未獲滿足的市場。」

利根團隊考慮進軍新車經銷市場，可惜囿於現有的經銷商關係，沒有一家車廠願意賣車給他們。「美國三大車廠表示沒得商量，」利根說，「日本人？這輩子甭想。大型的歐洲車廠則說，不，別想，永遠沒機會啦。」電路城團隊遂將注意力轉向二手車市場。

二手車零售業務符合該團隊訂定的一切條件。那是一個巨大的領域，成長快速。在北美，二手車零售市場的規模高達四千億美元之譜，是第三大的消費財市場，僅遜於食品與服飾。如今，二手車的年銷售額已超越了新車，需求量的成長速度也比新車快。造成二手車市場出現此種變化的一大主因是，雖然新車的品質及穩定度都獲得提昇，但二手車的車況較爲穩定、麻煩較少。「新近車款的二手車，具有從前無法比擬的高品質，而且壽命比以前更長，」利根說。因此，消費者不再認爲二手車是買不起新車時迫不得已的替代品；他們往往將它視爲明智的選擇。如果買一輛一年新的車能少付三成的錢，而它的狀況又跟全新的一樣，仍在保固期間，而且從來沒有任何毛病，那又何必付全額買新車呢？

最重要的是，這一行到處充斥著顧客妥協。顧客早已養成買舊車是一件既討厭又危險的苦差事的想法——遠比買新車麻煩。他們相信買賣舊車本來就是一門齷齪的行當；根據定義，二手車推銷員即是花言巧語、毫無廉恥的騙子。二手車及其車主被打上烙印，而車商本身就是造成污名的禍首。克萊斯勒在一九八〇年代初推出輕型車款（K-car）時，當時擔任GM總裁的羅傑・史密斯被詢及GM將如何因應這項威脅，他答覆道，GM對K-car 的回應就是兩年新的奧斯摩比（Oldsmobile）。一九九五年，《商業周刊》一名記者就福特 Taurus 的新車價格（比之前的車款高出兩千美元），詰問主導該專案的經理。「一般民衆要是買不起新車，」專案經理回答，「買輛舊車不就得了②。」

二手車零售商的變革腳步，還比不上他們所銷售的汽車。顧客面對了許多妥協。首先，你得透過分類廣告、汽車購買指南或在網站上搜尋，找到你要的車子。如果心中有特定車款，你會發現市面上數量有限。舉例來說，大型都會區裡，也許有二十到三十台二手的福特 Taurus 待價而沽。如果希望車齡不超過四年，你很可能在兼賣二手車的新車經銷商那兒找到目標。如果車齡老舊些，目標可能就落在專賣二手車的車商，或在個別車主的車道上。如果選擇跟車商做生意，你也許會發現車況太糟或要價太高，否則在你上門之前，這輛車早就賣出去了。如果跟個別車主打交道，你也許得跑到大老遠的地方，或者跟個瘋子討價還價。

買主不論在哪兒覓得心儀的汽車，都得在車況上冒風險。車子很可能過了保固期，拿得出維修紀錄的經銷商和車主也寥無幾人。某些經銷商會對他們的車子開具認證，但那通常沒有太大意義。在加拿大安大略省，經銷商必須提出合格證明，但他們得以自行決定車子的認證條件。原則上，這些認證書保證車子玻璃沒破、車燈和煞車還行、輪胎有足夠胎面、排氣系統沒有裂縫。這些是最基本的安全條件，大多數買家自己就能檢查。它們不是那些會在你孤立無援的夜裡突發狀況的部分，例如抽水幫浦、汽缸襯墊、電力系統、懸吊和傳動機。

於是，尋覓和購買二手汽車，成了既困難又麻煩的過程，而且成交之後事情還沒完沒了。買主也必須出售、交換、報廢或捐出舊車，然後辦理新車的貸款、保險和登記事宜，整個過程中，每一步都得接受妥協。對於可以檢閱多少關於車子的資訊，買主無從選擇；他們只能有多少看多少，接受二手車是一個未知數的事實。他們預料二手車推銷員會對他們施加壓力、沒說實話、討價還價、捏造特定截止日期，不擇手段爲自己及經銷商撈好處。顧客明白，如果買回家的車子出了什麼問題，他根本完全沒輒。

利根團隊在一九九〇年代初的二手車買賣和一九七〇年代的家電零售事業之間，看到了共通之處。「音響推銷員的形象一度是……這個嘛……骯髒齷齪的，」利根說。他深信電路城投入家電事業改革時所展現的方法與才略，大可用來改造二手車零售事業。「我們相信可以用零售商而非經銷商的角度來思索這個產業。賣舊車跟賣新車不同，零售商無需受限於特許條件或車廠設定的規則，」利根表示，「你可以把各廠的車款並排陳列，貼上實際價格，方便消費者一一比價、對照車款。我們相信如果能做到這一點，就能締造超越所有人想像的二手車銷售數量。」

CarMax爲顧客打破許多妥協。第一家店面於一九九三年在維吉尼亞州的李奇蒙市開幕，供應五百輛二手車，各家車廠的車款都在其列。一般而言，二手車經銷商通常有三十輛左右的舊車庫存，大型新車經銷商的舊車庫存則可能達到一百三十輛。後續開張的CarMax分店規模還要更大，展示場上有一千到一千五百輛舊車任君選擇。於是，與其來回跋涉數百哩檢驗三十輛福特Taurus，顧客可以前往CarMax，從五十輛並排的福特Taurus之間加以挑選。

電路城運用其IT系統能力破除知識上的妥協。每一家CarMax賣場都設有電腦資訊棧，供顧客查詢待售車輛的所有相關資料。顧客可以依車款或價格進行搜尋，範圍遍及該賣場或該地區其他CarMax賣場的一切庫存。他們可以檢查車輛的規格、功能、配備及保固期限，並且得知這輛車存放在賣場的什麼位置。CarMax仔細檢驗每一輛車，通過一百一十項功能及安全檢查。展示區只擺了一台車，車上貼滿箭頭指出檢查項目，並以文字詳加說明。推銷員一律穿著CarMax制服，他們的第一件任務就是帶領顧客前往電腦資訊棧，教他們如何使用。「人們跟推銷員洽商之前，多半希望盡可能地掌握資訊，」利根說，「我們試著解除他們的緊張和焦慮。」

爲了改變二手車推銷員形象，CarMax寧可僱用外表體面的員工，也不要那些經驗豐富的汽車推銷員老鳥。他們讓新進員工接受爲期兩週的訓練。大多數任職於傳統經銷商的二手車推銷員從未接受任何訓練，有的話也只是一兩天的課程。相較於一般汽車推銷員收取的純佣金，CarMax支付推銷員固定佣金，不論車價多高，如此一來，慫恿顧客購買高價車款的誘因便蕩然無存。爲了進一步降低銷售壓力，CarMax 將每一輛車的價格定在NADA（全國汽車經銷商協會）藍皮書列出的價值附近或以下，而且保證無須討價還價。

CarMax 也幫助降低購買二手車所涉及的風險。顧客可以在五天內退車；如果駕駛里程數低於二百五十英哩，保證可以無條件退貨。每一輛車都附贈三十天保固，顧客還可付費延長保固期限。CarMax 保證買進顧客手中的任何一輛舊車。他們提供各種融資方案，也可以代爲安排購買保險等相關事宜。CarMax 承諾，顧客可以在九十分鐘內找到心儀的車輛、完成購買、進行保險，然後駕車揚長而去。

追尋決定性優勢

CarMax 的經營模式爲公司帶來了競爭優勢，比起競爭者，它的營運更優越、成本更低廉。目前，每家賣場的營業額比一般獨立經銷商高出十四倍，比兼賣舊車的新車經銷商高出八倍。「我們每家店大約賣出五千輛車子，」利根表示，「是一般新車經銷商總銷量的五倍左右。」威名百貨憑藉每家店兩倍於競爭者的銷售額，就將美國大多數折扣商店逐出市場，而 CarMax 擁有的是五到十四倍的優勢！顧客給予 CarMax 銷售模式正面評價，在顧客滿意度調查中，它的分數永遠凌駕於競爭者的銷售模式之上；顧客對CarMax提供的更廣泛的貨色、價值、快速服務和舒適感讚譽有加。

然而，CarMax能否快速且廣泛地拓展疆域，吸引足以創造決定性優勢的顧客量？這個問題仍有待商榷。若能在一夜之間擴及全美，無疑是對整體傳統經銷商的一大威脅，至少他們的舊車銷售事業會出現問題。比起傳統經營模式，CarMax各賣場的銷售量優勢大幅降低該公司的銷售成本；各賣場銷售量往上翻一倍，每輛車的銷售成本就下跌二十%。

CarMax需要如此龐大的銷售量以回收它的巨額投資——光是資訊系統本身就耗資六千萬美元。「一般而言，CarMax持有大約一萬兩千部車輛庫存，要追蹤起來，這可爲數不小，」利根說道，「這套系統所費不貲，但它帶給我們很大的競爭優勢。」這套資訊系統不僅讓CarMax有能力持有高於競爭者的庫存量，也幫助它掌握資訊、提高生產力。舉例來說，系統追蹤各車廠及各車款發生機械問題的頻率，有助於規劃並執行維修作業，並提高CarMax檢驗及翻新二手車的生產力。「我們已將修復車況所需的時間縮減了四十到五十%，」利根表示，「意味著有較少車輛坐在後頭等候修復，較多車輛陳列在前線銷售區中。資訊系統同時顯示在全美不同區域當中，哪些車款和顏色較受歡迎，幫助我們更有效地管理庫存。」

CarMax的優勢是競爭者所難以挑戰的。沒有一家經銷商追得上CarMax的投資額，雖然經銷商集團願意的話，也許有辦法做得到。而且，基於歷史及特許權合約，沒有幾家（若有的話）傳統經銷商能妄想拓展版圖，趕上CarMax的規模經濟。經銷商往往被困在一度繁榮，但如今因社區或環境變遷而失去吸引力的地點，而經營者缺乏資源或意願搬家。就算眞的想搬家，也往往受限於禁止他們在另一家代理同一品牌的經銷商地盤上營運的限制。如果想要在目前的地點上進行擴充，週遭可能沒有足夠土地容納其擴展。

即便某一家傳統經銷商能解決上述問題，其文化是非常非常難以改變的。組織上下以強迫顧客接受賣場上現有的車輛（而不是顧客眞正想要的車輛）爲最高指導原則。事實上，經銷商員工發展出一整套語言來形容他們的顧客，而這套語言可不怎麼動聽；有所謂的「賣場蜥蜴」，指的是那些每一輛車都看，一次又一次試車、浪費業務員時間的顧客；另外還有「妻管嚴」、「愛哭鬼」和「大草包」。在這些經銷商眼中，顧客顯然是個麻煩，不是獎賞。

CarMax的業務吞吐量加上資訊系統和管理專才，使該公司有能力擬定更明智的採購決策，創造快速流通的商品組合。二手車經銷商多半在經銷商同業工會、租賃公司和車廠主辦的拍賣會中添購庫存。提出有利價格且能得標的能力，建立在經驗、最即時的市場情報、博學及雄厚財力等基礎上。投標人若擁有最龐大的庫存量，涵蓋最廣泛的地理區域，最清楚各廠牌各車款的銷售狀況，就能站在較有利的地位，知道買哪一些車款、進多少輛車子以及該支付多少錢。就算偶爾出錯，大型買家感受的衝擊也比小型買家淺得多。好比說，對一家庫存量高達一萬兩千部車輛的公司而言，買進二十輛顏色不吸引人的車子只是個小問題。然而對於手頭上只有一百輛車子的經銷商來說，五粒老鼠屎都足以釀成大災難。

所以說，CarMax 若能擴及全美，也許能將目前的競爭優勢轉變爲決定性優勢。

化解傳統經銷商及仿效者的挑戰

由於 CarMax 無法迅速席捲全國，同時也拜各州特許權法規之賜，傳統汽車經銷商得以繼續存活於業界，繼續否認自己正一步步走向滅亡。傳統經銷商在新車業務上損益持平或賠錢，賺的錢多半來自二手車銷售（大約七成五的利潤）、維修（四成利潤）以及融資與保險（三成利潤）。由於 CarMax 專攻這幾個區隔，該公司站在發動另一項強硬策略的有利地位——他們可以威脅競爭對手的金雞母。此外，由於越來越多消費者購買二手汽車，CarMax可以開始蠶食傳統經銷商的新車銷售大餅。經銷商仰賴銷售新車得來的現金流量來支付間接費用，並且滋生配件、融資和保險等連帶業務。如果夠多顧客選擇CarMax二手車而揚棄新車，經銷商或許會開始出現虧損。

傳統經銷商面對CarMax以及CarMax的效法者時，幾乎只能任人宰割。他們有什麼選擇？他們可以跟汽車製造商發發牢騷，抱怨競爭失之公允，但車廠除了履行並更新特許合約，而且承諾不跟CarMax打交道之外，似乎也無計可施。他們可以拓展業務，力求跟CarMax的規模經濟一別苗頭，但我們已看到這有多麼困難。他們可以嘗試削價競爭，但這會傷害他們的獲利能力而且無法持久。他們可以向大型經銷商集團靠攏，或者試著成立新的集團。再不然，他們可以以不變應萬變，希望結局圓滿收場。

不論經銷商選擇哪一套戰術，皆屬軟綿綿的做法。傳統經銷商針對CarMax達拉斯賣場打算在週六、週日開店賣車的反應，就是他們毫無骨氣——拒絕面對現實狀況——最活生生的示範。該州的藍法（譯註：blue laws，指禁止在週日進行商業交易的法令，最早由清教徒頒布）只允許在週末單天從事汽車買賣，不可兩日都開店營業。為了打破行之久遠的妥協（大多數消費者希望自己有權選擇在哪一個週末日購車），CarMax決定挑戰法律，在星期六整天及星期日中午開啓他們的達拉斯展示間。產業公會（達拉斯大都會區新車經銷商協會）駁斥這項舉動，聲明公會支持週末禁令的立場不變。該公會表示，延長一週工作時間會增加間接費用而無益於業績，並且讓他們更難招聘並留住優秀業務員。根據《達拉斯晨報》的一篇報導，德州汽車監理委員會警告CarMax，如果法院認可藍法的有效性，他們或許就觸犯了「知法犯法」的罪愆。德州汽車經銷商協會請求法院對CarMax下達禁制令。

CarMax高層並未坐等這些老好人在法院遂行其道。他們提起訴訟，要求聯邦法院宣佈藍色法規違憲。「德州法律不允許我們充分競爭，」《達拉斯日報》引述利根，「我們希望在各州各店一週營業七天，我們自認提供了一個非常誘人的消費者服務。在這兒，我們一週有一天被阻止提供這項服務給消費者。」如今，德州已不再禁止於週日販賣汽車。

CarMax遭遇的挑戰當中，較嚴峻的一項，來自AutoNation及United Auto這類胃口奇大的汽車零售集團。他們高價買下傳統經銷商，融入全國性的零售集團中。

一開始，電路城和CarMax並未把此番新的競爭情勢放入眼裡。「我們知道如何在零售業擴展得跟任何人一樣快，甚至更快，」利根說，「擴展CarMax的必要條件，跟擴展萬豪飯店（Marriott）或麥當勞或家居貨棧或威名百貨沒什麼兩樣。你必須有能力在利潤非常微薄的事業裡，掌握每一個枝節末葉；你必須比其他人更懂得控制成本；你必須比其他人更懂得如何抓住消費者，而且在各個市場的各家分店貫徹執行；你必須一年三百六十五天毫不懈怠，即便你正享受著高速成長。我們在打造電路城王國的過程中，取得這一切才能，逾十五年以來，連年達到二十%的成長率。我們相信自己有辦法讓 CarMax 取得同樣佳績，甚至青出於藍。我們的競爭者必須在概念上苦思揣摩，比起其他同業，我們已經搶先了一步。」

但是做爲共和實業集團（Republic Industries）下的一員，AutoNation 發動的襲擊，遠比 CarMax 預期的來得猛烈。共和實業的掌門人是因百視達（Blockbuster）而蜚聲國際的韋恩・海辛加（譯註：Wayne Huizenga，百視達創辦人），海辛加經驗豐富，深諳迅速推廣新零售模式之道。若說哪一家公司推廣二手車大賣場概念的能力，能跟電路城旗鼓相當，那非 AutoNation 莫屬。海辛加手腕強硬，利根心知肚明。AutoNation 還兼具雄厚財力、取得打算高價脫手的經銷商之崇敬，並且得到華爾街支持。

「AutoNation 出現之前，我們覺得自己就像中南多亞谷戰役（Shenandoah Valley Campaign）中的「石牆」傑克遜（譯註：指的是美國南北戰爭時期南方著名將領 Thomas Jonathan "Stonewall" Jackson），」利根表示，「我們鎖定目標，發動攻擊，樂趣無窮。但是 AutoNation 出現之後，我們覺得自己身陷史達林格勒之戰（Battle of Stalingrad）。

兩支雄軍交戰，至死方休，只能有一種結局，一個生還者，情勢駭人，非生即死！」

AutoNation 迫使 CarMax 還來不及準備就緒即匆匆進入市場，以便在 AutoNation 掌控情勢之前，搶先進軍達拉斯和亞特蘭大等大型成長市場。概念尚未完成測試，便忙不迭地大肆擴展。結果，某些賣場規模過大，營運效率不彰，現金頭寸大感窘迫。

但是，AutoNation 也有自己的問題。它抄襲 CarMax 的概念，試著展現強硬手段，卻犯了最典型的軟趴趴的錯誤——疏於複製 CarMax 的脈動。它建立可媲美 CarMax 的龐大庫存，模仿 CarMax 賣場的陳列與外觀，但是忘了或無力改變文化、打破沿襲自傳統銷售流程的妥協。要 AutoNation 打破所謂的不二價，顧客只消威脅要走人就可以得逞了！此外，AutoNation 深爲他們以高價收購的新經銷商爲累，再加上早期推廣階段的高成本、低營收和薄弱的利潤，在在使他們越來越難向投資人交代。

AutoNation 退縮了。新總裁入主後，選擇投資在原有的經銷商和強勢品牌上，拒絕爲二手車大賣場這樣的風險概念灑更多銀子。一九九九年底，AutoNation 宣佈關閉旗下所有二手車大賣場，CarMax 大獲全勝。

擊潰 AutoNation 後，旋即遭遇經濟蕭條之始，CarMax 決定放慢擴張腳步。它需要調整格式並提昇ＩＴ系統。它發現並非所有市場都能容納原先的大賣場格式，必須想個解決辦法，讓它能建立全國版圖。

雖說如此，透過打破顧客妥協，CarMax已達到卓越成就。該公司利潤豐厚；二〇〇二年的營業額達三十九億，扣除擴張成本之後，他們賺到了九千四百八十萬美元，超越NADA經銷商的平均水準。CarMax創造了每年十二%的整體成長率，其他可資比擬的商店只有八%的年成長率。「頭一年，我們的業績大約在兩千萬美元之譜，」利根說，「今年（二〇〇三年）則有四十八億左右，那是大約兩萬四千%的增長。我們的陣容從一百人擴張到九千人。」在最新的企業公告中（二〇〇三年七月三十一日），CarMax表示在二〇〇七年以前，該公司將在原有的十八家店面之上增設四十四家賣場，營業額成長一倍，達八十億美元。

二手車購買妥協之破除，已釋放了龐大的價值，正如打破妥協向來的成效。CarMax已爲當初二〇〇二年從電路城獨立出來時取得股份的股東，創造了超過十億美元的價值。

如何尋找需要破除的妥協？

了解妥協存在的緣由，對尋找妥協大有助益。當顧客有待滿足的無窮慾望，與企業在滿足顧客需求時所面對的限制產生衝突，就出現了妥協。如同擴張的宇宙，顧客永遠想要有更多選擇、更好的資訊、更高的品質、更大的方便，以及最高度的放任自由——盡皆以最快速度和最低價格取得。

經營企業所面臨的限制（往往被稱爲「現實」），是無法滿足顧客無度需求的障礙來源。沿襲資產（legacy assets）——包括實體、人員、ＩＴ——的複雜度、技術能力和文化，使企業面對明確而僵硬的成本結構。在這些限制之下，企業必須在滿足顧客需求時設定優先順序。競爭者往往也設了同樣的優先順序，因爲他們的包袱裡也有許多同樣的沉疴。於是，企業在滿足顧客所需和傾家蕩產之間建立了均衡點，妥協於焉誕生。

企業有許多方法，可以在任何產業尋找並實現打破妥協的機會：

體驗顧客的購買經驗。在日常業務的繁重壓力下，許多企業高層漸漸跟顧客脫節。他們對於顧客行爲的背後成因，只有粗淺的理解。這毛病犯得最嚴重的，莫過於三大車廠了。高階主管買車的方式，跟顧客大不相同。助理替他們購車，指明規格之後，訂單火速傳到最前線，完成的車輛隨即送往主管的地下車庫——掛好了標籤、辦好了保險、油箱加滿，隨時可以開動。對這些主管而言，以顧客被迫接受的購車方式買車，恐怕會是一次魂魄出竅的經驗。他們需要身兼顧客身分，體驗他們和經銷商提供的陳腐的零售方式。

查明顧客購買及使用商品或服務的眞正方式。不論哪一個行業，顧客都會另創購買及使用商品與服務的方法，以便得到企業不見得提供、但卻是他們眞正想要的東西。隱藏在此類補償性行爲背後的，正是有待打破的妥協。舉例而言，超過八成五的新車買賣交易，取自經銷商賣場上現有的庫存，而不是透過量身打造的訂單，或向其他經銷商的庫存調貨。車廠和經銷商將此視爲正常的顧客行爲。然而較深入的調查發現，這些買賣之所以成交，至少有一半是因爲顧客不耐煩等待他們眞正想要的車款，或者認定就算他們耐心等待，經銷商最後還是會砸鍋。

這項分析同時顯示，當顧客下單訂購特別車款時，他們加裝的配備往往比現有庫存的標準配備更多。特別車款的定價大約比賣場上的庫存車款高出十%；若是輕型卡車，則高出十五%。在一項調查中，逾半數潛在顧客表示若能指明他們想要的規格、設定價格，然後在兩週內交車，買賣絕對會成交。如果經銷商及車廠能打破顧客購買新車的妥協（正如 CarMax 打破顧買舊車的妥協），利潤將大幅上揚。

改變商品與服務的遞送機制。福特的行銷與銷售能力，向來被視為汽車業界翹楚。該公司盤算推出「十天牽車」——十天內交付特殊訂單車款——活動時，發現一項令人驚愕的事實。他們的行銷及業務部門非常擅於「銷售金屬」（moving the metal），於是工廠終日碌碌，經銷商也總是塞滿車輛庫存。他們知道如何誘使經銷商訂購福特廠裡的現貨，但是欠缺處理顧客特殊訂單的管理才能。他們得大刀闊斧地改革組織、技能與活動，或許也需要大幅調整人事佈局。改造組織是一項艱鉅且痛苦的挑戰，然而其獎賞如此豐碩，就算福特在挑戰前卻步，某些公司也將義無反顧地起身而行。日本的豐田、本田及法國的寶獅（Peugeot），都已為了掌握商機而投入改革。

提出商品服務及其遞送系統創造顧客價值的新方式。通用汽車在一九八五年推出釷星計劃，旨在做一項實驗，幫助組織整體學習小型車款的設計、製造、行銷、銷售及維修事宜。釷星車系的車款不多，品質還過得去，但性能平平。其經銷商零星稀少，不論購車或維修都很不方便。然而一九九四年，五萬多名釷星車主喜洋洋地參加回娘家之旅，造訪位於田納西州春嶺市的釷星工廠。這是怎麼一回事？

鈦星以衆人期期以爲不可的方式，大幅改革顧客的購車經驗：他們創造不二價、低壓力的銷售流程，著眼於顧客需求，而非車廠的需要；年輕的女性顧客尤其讚賞不需討論馬力或加速度的銷售流程。這是一項不可小覷的成就。鈦星是如何辦到的？

除了衆所週知的元素——嶄新的設施、銷售顧問以及友善的態度，背後還有一套値得佩服的銷售與製造程序。顧客走進鈦星經銷商之際，即可拿到一份選項菜單——車型、引擎大小、排檔方式、顏色、飾條，以及諸如空調與音響系統等配備——連同各種組合的價格。顧客完成選擇之後，銷售顧問檢查賣場上是否剛好有符合規格的庫存車輛，如果沒有，就帶著顧客會見銷售經理，後者微笑審視訂單。假使顧客願意等候三十天，經銷商可以就既定車輛改裝引擎和傳動系統，但無法改變車型。假使經銷商固定進貨的車款中，有符合顧客要求的車型、引擎及傳動系統，只需更換顏色，那麼顧客只需等候兩星期。如果即將到貨的車款中，有符合顧客一切基本條件的車輛，那麼她就可以在一週內收到安裝了所有配件的新車。

這就是了！在她動了購車念頭之後不久，就得到心中眞正想要的車輛。

從下單的那一刻開始，顧客就成了鈦星家族的一員——縱然只是存在於網路空間中的家族。鈦星的電腦系統持續追蹤她的車史，一旦顧客將車輛轉賣他人，整個車史（獨缺原車主姓名）便移轉到新車主名下——家族於是向外開枝散葉。

這顯示思索顧客妥協以及如何打破它們，能造成多大的力量。這是一種全新的顧客購買經驗——不論在哪一個行業。沒幾個潛在的鈕星顧客，能在事前將此模式描述爲他們的理想經驗。整個過程是如此自在且具說服力，顧客寧可屈就於次級車輛，也不願爲了更理想的車款，而讓自己再去挨受傳統銷售流程的煎熬。

鈕星創造了一項可能讓對手心懷不平，而且覺得非常難以抗衡的競爭優勢。他們說，「鈕星是個新興企業，所以可以肆意而行。」或者，「他們的商品線狹隘，可供選擇的配件寥寥無幾。」或者，「他們吸引的是不怎麼老練的顧客，」又或是，「一旦車主決定更換較大型的車款，鈕星就會流失顧客，」哇拉哇拉地抱怨不休。鈕星的競爭對手只要願意起而行，就可以克服絕大多數或甚至這一切藉口。但是他們不這麼做，於是鈕星從未遭遇對手的有效還擊。

測試你的想像力極限。你能做些什麼，以解救顧客於產業的專橫暴行之中？你能打破幾個妥協？你能找到一個一旦打破，將導致產業出現根本變革的妥協嗎？

以家用電器爲例。數十年來，惠而浦（Whirlpool）和奇異電器等諸多企業的競爭，多半拿價格當最主要的武器。一九九二年，惠而浦決定追求更高利潤，以更鮮明的品牌區隔作爲策略基礎。該公司的行政總裁大衛・惠特萬（Dave Whitwam），要求管理團隊找出並衡量電器產業強行加諸顧客身上的一切妥協。

許多高層人士心存狐疑，而他們的懷疑其來有自——惠而浦周延的市場研究顯示，顧客大體滿意他們持有的家電產品。既然如此，何苦費力氣挖掘顧客不自覺或不在意的妥協呢？

惠特萬敦促他們挖得更深，果不其然，他們發現一池隱忍不發的不滿。顧客覺得他們花太多時間和力氣，從事家電產品理應幫他們簡化的工作——洗衣、煮菜、用膳完畢之後的善後工作。不錯，煮一頓飯可能只需三十分鐘，但他們仍得花一個鐘頭洗洗切切並清理乾淨。顧客表示，他們不期望洗衣機、爐具和洗碗機能幫上多少，但是種種家庭雜務令他們深感不滿。顧客陷入重重妥協進退維谷，但是他們說不清究竟是怎樣的妥協。

爲了動員惠而浦組織上下，惠特萬深知他必須清楚地闡釋這項新策略，並且讓所有人感受其眞實性。他首先放映一段描述雙薪家庭生活的電視影片給管理團隊看，影片主角名叫「蓋兒」。

蓋兒是一名四十歲的婦女，有成群的兒女、爲工作奔忙的丈夫，以及一份全職工作。

她一手包辦煮飯、洗衣和其他家務，丈夫在家中的角色，就是陪孩子玩、敎他們寫功課。影片尾聲，採訪人轉向坐在容光煥發的丈夫身旁的蓋兒，問道，「你照顧家裡的每一份子，但是誰來照顧你呢？」蓋兒還來不及發話，先生便迅雷不及掩耳地回應，「我照顧蓋兒。」蓋兒瞪了他足以殺人的一眼，然後哭了起來。

蓋兒成了號召惠而浦重新振作的精神象徵和新策略的旗手：惠特萬向全體員工挑戰，要他們想想惠而浦有什麼辦法照顧蓋兒。好比說，蓋兒煮完飯之後，爲什麼要花那麼多時間清理善後？他們認爲原因之一，是因爲傳統爐具有太多死角和縫隙。這項設計，顯然是爲了簡化製造流程，而不是爲了容易清洗。顧客面臨一項妥協：如果想要一個乾淨的廚房，就得花時間擦拭爐具表面，挖出埋在縫隙裡的食物殘渣。爲了照顧蓋兒，惠而浦推出易潔面板（Clean Top）爐具。爐具表面完全平坦，電爐埋在玻璃面板之下，徹底排除傳統設計的油汚和殘渣陷阱。另一個例子：洗碗機爲什麼一定得這麼大聲？蓋兒的電腦放在廚房，但是她無法在洗碗機運轉時靜下心工作，噪音震耳欲聾。她也無法講電話。惠而浦推出靜音夥件（Quiet Partner）洗碗機，悄然無聲，蓋兒可以在機器運轉之際進行思考或談話。

汽車業又如何？許多人是一般的車輛使用者，但是他們必須擁有並管理一輛車，以及連帶而來的一切麻煩，只爲了確保在需要時有車可用。一年開不到幾英里的車主，爲數也許相當可觀。福特能否負擔讓顧客一年購買兩千五百英里里程數的金卡方案？顧客可以在任何一家赫茲租車公司取車，享受擁有車輛的一切喜悅與方便，不需被麻煩事纏身。

在你想像伴隨著打破妥協而來的各種可能性之際，也該花些時間想想潛在的風險與陷阱。你的努力能否得到市場回報，有時是很難預料的。比方說，福特恐怕很難預測金卡方案能吸引一千名顧客或十萬名顧客。如果可以量化新策略的經濟效應，而成果看似誘人，那麼或許值得冒險一搏。假使無法量化計算其經濟效應，或者成果看似微不足道，那麼以試行方案測試市場反應，或許是明智之舉。

當然，試行方案也有其風險，最大的風險就是讓競爭者心生警覺。這是 CarMax 在維吉尼亞州李奇蒙市的郊區開張營業時，所面臨的問題——一個廣達十五英畝的設施，根本無所遁形。所以，如果要推動試行方案，試著在競爭者罕至的偏遠地方執行。倫敦、安大略以及亞伯特省的艾得蒙頓，都是不錯的選擇，美國本土幾乎沒什麼人會注意那些地方發生的事情。日本人已數度利用這些城市，作爲進攻美國市場的據點，包括日野（Hino）的平頭卡車以及松下的多門電冰箱。

毫不懈怠地打破關鍵妥協。執行速度向來是新策略成功與否的關鍵所在。策略若是以打破產業妥協爲基礎，執行速度就成了區別高下的最終因素。

打破妥協是一項強而有力的組織原則，可以激勵人員尋找重大的成長機會。如果能打破妥協，或許就能創造競爭優勢。如果你能迅速地全面推廣這項概念，就能創造決定性優勢。

假使能同時打破好多個妥協，又能迅速推廣開來，你也許能徹底改革你的產業，成爲名垂青史的一號人物。

7
購併創造優勢

成功整合購入企業的實力

強硬的連續性收購者，
心中都有建立競爭優勢的清楚藍圖，
而且有能力敲定案子，
吸收收購案的最大策略利益。
企業最初投入購併行動，
往往是爲了追求野心不大的策略目標，
但最後卻取得了決定性優勢。

儘管失敗率居高不下，但比起單靠自個兒的力量，合併與收購也許是更有力的方法，能讓你以更快速度或更大規模實踐強硬策略。欠缺策略基礎的合併以及基於執行長突發之念而進行的收購案，都屬於軟趴趴的行動。一項好的購併案能創造競爭優勢；了不起的購併案則能協助公司達到決定性優勢，幫忙獨佔關鍵資產或建立優越的經濟結構，使公司（幾乎）堅不可摧。

合併與收購可以用來助長本書討論過的任何一種強硬策略。的確，合併與收購案的背後，存在許多與這些強硬策略重疊或交織的其他目的。企業往往運用購併案來迅速擴展全國或全球版圖，或者旨在併吞對手、舒解競爭壓力。合併或收購其他企業能產生如此龐大的策略利益，有些強硬業者因而一買再買，收購成癮。

然而，這種連續的購併行動，隱藏著一項風險。行動本身也許被包裝成一項策略，然而實際上，它只不過是用來支援某項策略的工具罷了。購併行動若單獨作爲一項策略，不見得能創造競爭優勢或帶領企業晉升領導地位。連續收購常常變成一種遊戲，用來編織成長表象、哄抬股價、鑽稅法漏洞、追逐不存在的綜效、贏取政治或社會上的偏袒、爲執行長個人締造佳績，或者用來規避解決公司陳年或根本問題的責任。房子若蓋在一疊毫不相關或欠缺策略意義的收購案之上，終究有倒塌的一天。

強硬的連續性收購者——例如聯盟健康醫療體系（Partners Healthcare）、思科、紐威爾（Newell）和普瑞多（Premdor，如今更名爲美森耐國際公司）——心中都有建立競爭優勢的清楚藍圖，而且有能力敲定案子，吸收收購案的最大策略利益。企業最初投入購併行動，往往是爲了追求野心不大的策略目標，但最後卻取得了決定性優勢。

聯盟健康醫療體系：對手間的合併創造了決定性優勢

一九九四年，布萊根婦女醫院和麻州綜合醫院進行合併，隨後更名爲聯盟健康醫療體系，成了新英格蘭地區最大的醫療服務網。此舉讓許多競爭者、媒體界和產業觀察家大感詫異。

合併的最初目的，是爲了刪減成本並且向弱小的競爭者施加壓力，兩者都是有用的目標，但都不能算是策略。然而，雙方的合併很快引發一連串收購案，旨在創造一家具有足夠資源與強勢力量以攻擊競爭者的企業，連帶取得龐大的競爭優勢，並且藉機重新定義麻塞諸塞州的醫療市場。

一九九〇年代初期，波士頓地區出現病床過剩的現象。每一千位居民擁有五點八二張病床，高居全美主要城市第三名，僅次於紐約與費城。病床過剩的問題，部分是因爲病人平均住院天數縮短所致。感謝藥物及醫療手續的提昇，以及某些疾病移爲門診處理，病人的住院次數減少了，而且就算眞的入院，住院天數也比以前稍短。過去十年來，醫院的產能利用率下滑了三十％，每病床之經營成本因而逐漸上漲。

讓醫院大嘆雪上加霜的是，醫療保健聯網（health maintenance organizations，簡稱ＨＭＯ）在新英格蘭地區的勢力逐漸坐大，大約佔領醫療市場的三十五％。因此，醫院需要定期投標爭取ＨＭＯ的生意，而且往往得靠削價才能得標。這導致營收下滑，再加上每床成本的上揚，就連最健全的醫院都備感財務吃緊。

麻州許多醫院爲了生存而苦苦支撐著。一九九〇年代初期，大約四十％的醫院處於赤字當中，比前一年高出二十％，六十六家急症病院的營運毛利僅達一點四％。醫院倉皇地節省成本、削減產能，儘管如此，擔憂某些醫院終將倒閉破產的傳言卻仍甚囂塵上。

麻州綜合醫院與布萊根婦女醫院雖然是當地規模最大、財務最健全的醫院，但仍無法自免於這些令人憂慮的趨勢之外。兩家醫院都曾被迫削價爭取ＨＭＯ的生意，他們面臨郊區醫院越來越強大的競爭力量，這些醫院日漸茁壯，增加了原本只有大都會中心才可得的產能。假使情況持續惡化，大醫院恐怕不得不刪減產能、接受營業額下滑的事實、縮減服務項目，然後流失更多病人和更多營利。

布萊根婦女醫院當時的董事會主席兼哈佛商學院院長——約翰・麥克阿瑟（John McArthur），很不樂意他的醫院加入HMO的價格戰，搶奪每一名可得的病人。相反的，他思索合併的可能性。如果布萊根婦女醫院能與另一家實力雄厚的醫院合併，或許能結合足夠的力量與資源，提昇他們跟HMO談判的能力，如此便能大幅刪減成本、提供更多產能與醫療服務，進而改善他們的財務成效。

然而麥克阿瑟和董事會所展望的，不只是一家更大、更高效率的醫院；他將合併視爲徹底重劃醫療產業，爲其醫院帶來競爭優勢的一大途徑。「如果五年之後，我們只滯留在兩家合併的醫院，那算不上什麼成就，」麥克阿瑟在公開宣佈合併案時，對《波士頓環球報》如是說道①。

新的聯盟健康醫療體系挾帶著可觀的資源與令人望而生畏的組織，展開了它的生命。它聘用一萬八千名員工，其中包括一萬兩千多名醫生與護士。新的醫院組織擁有其他醫院望塵莫及的病床數。藉由流程簡化、職能合併與中央化，以及設施與活動的合理化，該醫院得到許多降低成本的機會。聯盟預估，他們最高可以在十年內節省二十％的成本。對於某些產業而言，這樣的目標或許無甚可觀，但在成本激增且醫院無法全盤控制成本的醫療服務業裡，二十％的節省聽來頗富野心。

更重要的是，這兩家聲望卓著的醫院，實力一經結合，創造了一個版圖更雄偉的新組織。聯盟成了在衆多專科上最高品質的醫療業者，對更多病人產生更高吸引力。聯盟醫療體系的規模、範疇以及潛在的成本優勢，一如預期地大幅提昇該醫院與HMO及其他保險業者談判與簽約的能力。其立竿見影之效，就是讓聯盟享有比其他競爭者更大的市場佔有率以及更高的病床利用率。

兩家醫院的結合也帶來其他較不顯眼的利益。基於其研究能力的深度，以及有更多病人參與臨床實驗，聯盟有較高的實力成功爭取醫學研究合約——不論來自聯邦政府或私人企業。做爲醫學研究的先驅，聯盟對病人和付費單位的吸引力就更高了②。

新組織也具有足夠資源與實力，考慮進一步進行收購。它著手將許多較小型的醫院和護理中心併入組織當中，並且與其他強大的機構籌組合資事業或結盟。

聯盟健康醫療體系成功在麻塞諸塞州的醫療產業中，形成一股強大的力量；這得感謝多項具有正面強化效果的競爭優勢：較高的產能利用率與較低的服務成本（規模經濟）、最廣與最深的臨床研究實力（範疇經濟）、以及穩固的盈餘與較堅強的資產負債表（較低的資本成本），這讓它能重新投資於事業當中，建立更強大的競爭優勢。

這項策略迫使其他醫療業者進行整合或結盟。但是聯盟已挖走競爭對手的許多病患，搶先一步刪減成本、吸引研究經費、帶頭削弱HMO及保險公司的談判力量。競爭的醫療體系當中，沒有一家能與聯盟的規模與範疇匹敵，這些業者莫不處於挨打的掙扎局面。聯盟持續擴展它的市場佔有率，強化財務實力。

這項策略也促使原來的兩家業者——布萊根婦女醫院與麻州綜合醫院，跳脫降臨在各行各業許多苦於分裂、產能過剩和市場力量有限的業者身上的厄運。正如我們在鋼鐵、大型家電、橡膠與輪胎、航空、PC組裝和造紙產業所見到的，業者發現他們陷入刪減成本與整合的循環，毫無脫身之計。創造競爭優勢或取得足夠力量以改變產業動態，對任何一家業者而言皆屬不易。

思科購入用以支援多項策略的能力

有時候，企業不具備追求強硬策略所需的能力，因而決定以收購取得，放棄由內部發展。利用購併取得實力的高竿強硬業者當中，最多采多姿的典範，非思科系統莫屬③。

思科創建於一九八四年，以供應路由器起家，不過在草創階段，即下了一個讓它迅速在數據網路市場上舉足輕重的決策。思科決定購入任何必要的、而且內部無法快速養成的能力。思科立即精於此道，購入並整合八十二家企業（關閉少數幾家成效不彰的公司），大幅拓展事業版圖。每一項收購案，都以支援某項可以強化思科競爭優勢的策略爲要旨（包括本書描述的多項強硬策略）。

思科之所以在強硬購併行動上成績斐然，是多項原因所致：

·**搜索周密面面俱到**。思科通常考慮三個潛在市場，才會從中擇一進入，而且在完成每一項交易之前，都會徹底評估五到十家候選人。

·**購併小組深具專業知識與能力**。在交涉收購案時，思科仰賴幾位購併專家構成的小組，必要時輔以具有所需技能的內部人員或外部顧問與夥伴。在高壓且緊迫的情況下，擁有一個習慣一起工作的小組，可以提供連貫性、累積實力。而且由於此小組專責購併案件，他們往往能夠在投資銀行家與競爭對手察覺之前，率先嗅出交易契機。

·**交易執行迅速俐落**。一般購併案平均花思科三個月時間進行交涉；一名高階主管笑稱，列印收購協議都比談判交涉花時間。

·**整合工作用力甚深**。思科設有一群專事整合的幕僚人員，負責整合ＩＴ系統、釐清新員工的角色、調整薪酬制度以留住關鍵員工，並且在收購完成之後的三個月內會晤主要顧客。

‧**展現壯士斷腕的決心**。思科的作風無異於一般的創投資本業者，唯一的不同點，是思科在其購入的企業裡，持有足以主導經營的多數股份。正如創投業者，思科接受有些交易將成大贏家，有些交易表現平平，而有些交易將一敗塗地的事實。思科盡量以客觀理性的態度，管理其收購案組合。它會迅速拋棄無法協助該公司創造或建立競爭優勢的收購案，或結束某項營運。

儘管我們曾說，購併行動本身不算策略，但是購併能力卻可以構成競爭優勢。思科已運用其獨到眼光以及商定交易與整合企業的能力，奠定在電腦網路業界的全球領先地位。

紐威爾：運用收購打破大賣場強加的妥協

有時候，企業之所以投入合併或收購案，是爲了創造一個全新的實體，打破顧客被迫忍受的妥協。紐威爾樂柏美（Newell Rubbermaid，即原來的紐威爾）就是這樣一家公司。該公司創始於一九〇二年，以製造窗簾桿起家，如今其商品線已涵蓋了包羅萬象的消費品④。

紐威爾早年的銷售通路主要是伍爾沃斯（F.W. Woolworth）、席爾斯（Sears）、葛蘭特（W.T. Grant）等大型零售商。公司領導人艾倫‧紐威爾逐漸移轉重心，著重於以低成本製造品項有限的商品，並且專門爲大量採購的買家服務。

丹‧佛格森（Dan Ferguson）在一九六〇年代中期接任紐威爾總裁兼執行長，他深深明白，隨著零售業的整合，大型零售商的規模日益龐大，紐威爾這類小型製造商恐將無法在大廠商的夾擊之下存活。他認爲爲了生存，紐威爾必須擴大規模；而若要成長，就必須提供更廣泛的商品。佛格森認定，收購是達成目標的最佳途徑。

正如佛格森所料，大型零售商場——包括凱瑪特、威名百貨和家居貨棧在一九七〇及八〇年代嶄露頭角，成爲零售市場的一股龐大勢力。然而，大型零售商場縱然在市場上叱吒風雲，卻得面臨一項妥協。爲了提供消費者所需的各式低價商品，他們必須向爲數眾多的小型供應商進貨，導致後勤管理複雜繁瑣，難以控制成本。再加上，某些種類的進貨商品時而出現品質不一的現象，而且一家供應商的商品線也往往無法齊備。不過，當零售商挑出品質問題或設法改進商品線時，供應商通常無法或不願因應零售商的需求。

佛格森相信他能為顧客打破這項妥協。藉由加快購併腳步，他意圖讓紐威爾成為一家規模大到足以在有問題的範疇上提供完整商品線、紀律嚴明到足以控制與壓低成本、技術純熟到足以簡化採購與後勤流程，以及據點廣泛到足以服務全國市場的供應商。

一九六〇年代末期迄今，紐威爾已收購一百多家公司。一九八〇年代中晚期之前，紐威爾收購的多半是營業額在五百萬到一千五百萬元之間、生產五金和家用產品的小型企業，包括生產油漆滾筒和刷子的 EZ Painter、生產手電筒的 BernzOmatic，以及生產廚房用具的 Mirro。

紐威爾挑選收購對象的眼光越來越準確，也發展出一套評選收購目標的條件。目標企業必須達到值得投資的大規模，但不能過大以致於難以管理與提昇。該公司必須已經打進大型零售商，而且奠定了良好的合作關係。該公司也必須具備良善管理；紐威爾可沒興趣拯救情況危殆的企業。

隨著收購經驗日益豐富，紐威爾也變得非常擅於以一種後來被名之為「紐威爾化」的過程，整合新進購入的企業。這套過程包含許多標準步驟：工廠進行合理化，盡可能提昇效率；改善服務與遞送系統；撤換重要人員（尤其是財務長）；裁撤新公司的許多服務及職能，由紐威爾總部提供；分析購入企業的商品線，表現不佳的商品將被淘汰，商品線的缺縫則需補齊；最後，如果有任何問題，紐威爾將派遣高層主管介入協助。「假使收購對象出現麻煩，」佛格森說，「當初力主進行這筆交易的傢伙就會被派去解決問題，有時候，那個人就是我！」

紐威爾的收購策略確實打破了大型零售商的採購妥協，其營業額蒸蒸日上：從一九六〇年代末期的兩千萬美元以下，到一九八〇年的一億三千八百五十萬，再到一九九〇年代中期的二十億元以上。該公司的股東報酬率，躋身於紐約證交所掛牌企業中最高的一群，將近市場平均的一百五十倍。

隨著紐威爾的壯大，收購案的規模也愈來愈龐大。一九八七年，紐威爾以三億四千萬元買下安克哈金（譯註：Anchor Hocking，美國著名的玻璃器皿製造商），該公司的營收大約在七億六千萬元之譜，將近紐威爾的兩倍。接著在一九九八年，紐威爾將眼光放在一個更龐大的收購目標：樂柏美（Rubbermaid），售價：六十億美元。

就紐威爾自己設定的條件而論，樂柏美並非一個誘人的收購對象。最重要的，它實在過於龐大，無法輕易理解與管理。紐威爾在一九九八年的營業額爲三十七億元，比樂柏美的二十五億元高不了多少。假使出了任何差錯，紐威爾恐怕無法輕易插手整頓樂柏美的營運。

樂柏美跟零售顧客之間的關係也不甚理想。事實上，它還惹毛了許多顧客。和許多大型供應商一樣，樂柏美也不肯接受權力重心已經從供應商移轉到零售商的事實。

樂柏美長期秉持一項叫做「一日一項新商品」的策略，也習慣握有足夠勢力，要求顧客販售其琳琅滿目的商品。但是大型量販店不想照單全收，他們不願意販賣還沒建立顧客基礎的創新商品，也不肯在貨架上擺放銷售量較低的陳年商品；他們只想賣熱銷商品。

樂柏美也無意協助零售商提昇供應鏈效率。當零售商下單，大量購入同一家供應商的多種商品，他們期望所有貨品同時抵達。但是樂柏美的慣例，是從該公司的數十家工廠分別送貨，大型訂單會分成好幾個小批次，在不同時間分批抵達；有到貨還算好的呢——樂柏美誤時交貨的前科累累。

最後，樂柏美無法適應大型零售商如今施加在他們身上的高度價格壓力。樂柏美的商品是以塑膠樹脂爲基礎，而這項大宗商品的價格高低起伏很大。在過去，樂柏美一直有辦法將原料成本上漲轉嫁給零售商，但零售商越來越不肯負擔風險。

基於跟樂柏美打交道的重重困難，某些零售商——包括威名百貨在內——縮減了他們所販賣的樂柏美品項。

樂柏美的紐威爾化至今仍在進行當中。商品線已朝重點集中，工廠改頭換面，績效不佳的事業完成脫手，用來懷柔大型顧客的行銷專案也已陸續登場。來自大型零售商的業績開始止跌回升。紐威爾的事業組合持續擴增，包含許多著名品牌，像是Papermate、Sharpie及Waterman筆具、Levolor窗簾、Calphalon廚具、BernzOmatic手電筒；Vise-Grip鉗子、Amerock五金、Graco嬰兒用品，以及Little Tikes玩具。

不過，樂柏美經驗實在夠糟，投資人至今仍抱持審慎的態度。

美森耐國際公司：爲求全球成長而進行收購

二次世界大戰以降，收購便一直是美國及歐洲企業進行全球擴張時的優先考慮模式。這些企業通常收購在看來誘人的市場營運之同質或相關事業，藉此達成擴張版圖之實。

然而，這種方法多半造成一串珠似的全球事業：一連串由當地人管理的投資組合，各地方經理只要設法達成目標，就能享有可觀的自主權。母公司鮮少干涉各地行政，只除了在必要時提供資金，以及偶爾聘用、開除或調動某位經理。

和此種方法的鮮明對比，是那些不僅爲了成長而進入海外市場，更爲了創造和利用兩項競爭優勢來源的競爭者。第一項優勢來源是善加利用橫跨全球事業基礎的投資，例如在商品與生產技術上的投資，不過也可能涵蓋資訊系統和管理作風——例如已證實成功的「顧客介面」在內。這些投資也許規模宏偉，地方性競爭者光靠地方營運得來的資源，是無法與之匹敵的。

另一種投資型態，在於組合管理。對於那些需要大舉投資於各項費用以茲成長的企業而言，這一點特別切中核心。比起本土業者，擁有全球營運組合的競爭者站在一個有利地位，他可以拿某一市場的盈餘鞏固當地營運，然後拿剩餘資金投資於新興市場，而其行動速度，可能比地方性業者所能做到的快得多。對地方業者而言眞是壞消息。

第二項競爭優勢來源，在於進軍潛在的全球競爭者（即那些可能意圖搶攻你的母國市場之企業）所在的市場。在他們現身街頭之前率先進入他們的母國市場，會讓你站在一個影響其行動的大爲有利的地位。

不僅爲了管理「一串珍珠」而進軍全球市場的絕佳範例，就是立基於安大略省密西加沙市的美森耐國際公司。該公司是全球最大的房門及房門零件（例如門框、玻璃鑲嵌、燈光、面板、防風條）製造商。

美森耐國際公司有一個複雜的血統淵源。它原是加拿大家族集團——Seaway 跨業公司旗下的事業單位，在一九七九年的一場融資購併案（LBO）中，獨立出來成了Premium 林業產品公司。該公司於一九八六年掛牌上市，同時更名爲普瑞多，直到二〇〇一年收購其最大的供應商——美森耐（一家專門製造合成木產品的供應商）之後，才以美森耐國際公司之名行世。

一九七〇到八〇年代之間，加拿大的房門產業（美森耐國際公司的前身普瑞多所處的市場）正值分崩離析之勢。諸多提供有限商品的小型業者，爲了爭奪生意而展開廝殺。他們小歸小，卻往往無法充分運用工廠的產能，而且拜美加雙邊自由貿易協定之賜，這些加拿大公司發現他們越來越常遭遇美國企業的競爭。

帶領該公司走過LBO及掛牌上市的索爾・史匹爾斯（Saul M. Spears），在一九八〇年代期間積極收購其他企業。收購對象大多是立基於加拿大的公司，不過少數美國公司也在收購之列。他的目標是整合加拿大的產業，遏阻美國公司進攻加拿大市場。他最登峰造極的成就，是在一九八九年與最主要的加拿大競爭對手——世紀木門公司——進行合併；該公司秉持的策略與普瑞多相仿，而且擁有可觀的美國營運。這筆交易立即讓普瑞多晉身全球最大的房門製造商之一，年營業額超過三億加幣。除了解除兩家公司即將在加拿大爆發的毀滅戰之外，這項合併案也爲普瑞多帶來抵禦美方威脅所需的規模與市場地位。史匹爾斯當時說道，「假使美國競爭者發現他們的本土市場遭到攻擊，他們為嶄新的加拿大疆域費神的可能性就會降低⑤。」

世紀的總裁菲力浦・奧西諾（Philips S. Orsino）成了合併企業（仍維持普瑞多之名）的執行長。奧西諾維持以收購追求成長的策略，買入更多家美國公司，隨後又在歐洲及墨西哥大肆收購。讓普瑞多在加拿大市場應運而起的產業動態，世上其他地方亦不乏多見。大多數國家的市場，由諸多本土業者各據山頭。只有少數大企業製造的房門得以行銷全球市場，但他們是多角化經營的建材製造商，沒太大興趣拓展其房門事業。

種種條件，為強硬派業者創造了取得決定性優勢的莫大良機。若能達到規模經濟（例如就原料或零件的採購而言）、在商品發展與服務上挹注對手無法抗衡的投資，並且迅速將最佳實務典範（例如快速轉換儀器設備）從一家子公司移植到另一家子公司，或許能取得壓過小型本土業者的強大優勢。

收購地方性企業還有其他好處。許多國家已出現產能過剩的現象；設立新廠將使情況雪上加霜。況且，普瑞多選擇收購已和顧客——建材批發商與零售商——奠定良好關係的在地公司；這等關係往往非常難以建立，否則就得曠日費時地苦心經營。

從脫離母公司而獨立運作之後，二十五年以來，該公司從一個製造室內住宅木門的小廠商，蛻變成全球化的巨擘。它在遍及北美、南美、歐洲、亞洲和非洲的十二個國家，設有七十多個據點，營業額逼近十七億八千萬元，淨收入則高達一億零八百萬元，商品行銷五十餘國。一路下來，該公司完成了四十件收購案，每次行動都以強化特定競爭優勢爲要旨。

舉例而言，普瑞多在一九九八年買下喬治亞—太平洋（Georgia-Pacific）的房門製造事業。這項收購案促成普瑞多推動一個後勤製造中心網路，用來服務美國境內的家居修繕連鎖大賣場，如家居貨棧和勞氏（Lowe's）。後勤製造中心提供各式服務，包括在門框內安裝房門、在門上加裝鉸鏈和門鎖，以及鑲嵌裝飾用的玻璃面板等等。普瑞多成功運用連鎖店寧可跟商品線完整的大型供應商做生意，也不願和許多商品線狹窄的小供應商打交道的心態⑥。

二〇〇一年，普瑞多以四億三千七百萬的價格買下美森耐，合併後的新實體即成了美森耐國際公司。這項收購案爲家族帶來一個強勢品牌及衆多優勢。原來的美森耐是一家全球化的木門飾面製造商，就木門飾面的原料——複合木板——而言，其設計與技術亦領先群倫。此交易強化了合併企業爲全球不同市場創造獨特設計的能力，並且以更快速度將新設計推出市面。這是因爲木門飾面和整個房門組合不同，它可以大量生產並且以更經濟的方式運送到各地市場，不論直接送到已在市場上站穩腳跟的美森耐分公司，或前往美森耐國際尚未設立據點的市場，送到當地廠商手中。而且，由於模壓門的製造成本比其他門種低廉，因此可以降低價格求售。

二〇〇四年，美森耐國際以一億六千萬元收購史丹利工藝（Stanley Works）的入口門（entry door）事業。美森耐國際的專長向來在於室內房門，至今仍是。不過，史丹利工藝出產鋼鐵和玻璃纖維製的入口大門，這項收購案幫助美森耐國際拓展事業版圖，將室外門納入其商品線。此交易也協助美森耐國際跨入「入口系統」（entry system）事業——事先安裝在門框內的大門。在這些商品上競爭，需要本土業者也許不具備的技術與資本。這讓美森耐國際有機會將系統能力移植到全球子公司，進一步強化其優勢。

多年經驗累積下來，美森耐國際已深諳利用收購來強化策略並建立競爭優勢之道。收購企業之前，美森耐國際不辭辛勞地跟收購目標建立密切合作關係——藉由投入資金取得股份，或者建立某種型態的聯盟。這讓美森耐國際深入了解未來的收購對象，並且在交易結案之後加速整個整合過程。

美森耐國際每完成一樁收購案，便立即收回新家族成員在業務與行銷活動上的主控權。該公司在大型家居修繕中心、批發與零售木材場以及建材供應中心等地直接對消費者行銷、藉以刺激房門需求的能力，早已聞名於世。除此之外，美森耐國際還爲新公司引進電腦網路、安裝財務控管系統、中央統籌採購、改善生產技術，並將新公司的工廠納入整個區域製造網路⑦。

透過收購行動，美森耐國際公司成功完成產業整合。雖然還有許多在地的小型房門製造商，也還有大型、多角化經營的建材公司與美森耐國際競爭，但美森耐國際只有一個重要的全球競爭對手——大本營設在奧勒岡州的未上市公司 JELD-WEN。

透過收購進行產業整合，令美森耐國際獲益良多；該公司在過去十年內享受著日益豐厚的利潤率、快速的業績成長以及越來越高的市場佔有率。

如何在強硬購併行動中致勝

強硬派業者在購併行動的各個階段投入專注力、速度與緊湊的力道。他們比別人更擅於識出達成競爭優勢所需的特定資產或能力，也更懂得判斷這份資產或能力最好由內部發展或透過外部取得。他們專精於辨認及評估目標、估算價格上限、嚴謹而迅速地進行談判（並且在交易變得過於昂貴之際全身而退），然後既快速又有效率地整合購入的企業，俾使策略目標得到貫徹。他們知道自己要什麼，然後以符合收購目標策略價值的價格得到它。

從運用購併行動實踐其強硬策略的連續性收購者身上，得到的心得在概念上直截了當，但執行起來卻很困難：

．**唯有當機會符合策略時才著手收購**。唯有當收購或合併能幫助你取得或強化某項競爭策略時，才應該著手行動。它們不應被視爲一場賭局，或者以認識有趣的新朋友、參觀工廠或讓你有機會大肆吹噓爲目的。

．**不要受誘惑而逸出已證實有效的流程**。當以收購爲基礎的經營模式出現成效（尤其當它歷經一連串收購案仍證實有效時），謹防自己脫離正軌。在成功收購、整合許多企業之後，紐威爾相信自己有能力接受更大的挑戰。但是樂柏美不符合讓紐威爾先前的收購案如此成功的各項條件，就連該公司最引以爲傲的「紐威爾化」過程都失靈了。

．**若要更動收購條件，或許也需要調整整個收購流程**。舉例而言，紐威爾可以考慮派駐擅長轉虧爲盈的高階主管主掌大局；他們可以安排讓這項收購案與紐威爾成功的核心事業保持距離；他們可以用不同的方式安排這項交易。或者，在發現將樂柏美納入公司系統具有多大的困難性之後，他們可以抽身而退。

．**培養內部的購併能力**。許多執行長因草率接受投資銀行家不請自來的建言而悔恨不已。考慮投入一項重大收購案或一連串收購與合併的企業，應發展自己的購併能力，培養一群可以提出購併構想、探索與分析機會、自行完成實地查核，並且進行談判交涉的人才。

．**尋求外界的建言與協助**。即便公司內部擁有堅強的購併能力，考慮進行收購案的企業，仍能從特定產業與專業領域的外界專家之協助，或者從跟這項收購案沒有直接利益關係的顧問之良言，得到許多益處。這些顧問的用處，在於提昇收購者的知識與技能，提供不受傳統產業假設及內部政治鬥爭所影響的公正觀點。最重要的，外來顧問應能幫忙找出合併或收購案所能提供的競爭優勢來源，並指出取得這項優勢的最佳途徑。有幾位執行長能替自己動腦部手術？自行完成不動產買賣交易？或者在欠缺外界顧問從旁協助的情況下打理自己的離婚事宜？

．**以嚴密精確的方法進行價值評估**。評估收購標的物的價值時，有必要分析此收購案會對貴公司的價值產生多大影響，以及收購標的物在公開市場上的價值又是多少。舉例來說，此收購案是否剝奪其他提案所需的資源？如果收購對象成了競爭對手的囊中物，它將如何強化對手的實力？顧客及供應商如何看待這項收購案？此收購案將如何改變產業動態？此收購案將對貴公司產生怎樣的實際利益？造成什麼麻煩？整合行動將如何完成、由誰完成、花多少錢完成？

．**投資培養合併後整合（post merger integration，簡稱PMI）能力，以便取得成功整合購入企業的實力**。絕大多數的合併與收購案，一如參與者所預期，都是一次失敗的教訓。有些是徹頭徹尾的大災難，有些（例如紐威爾之收購樂柏美）則以遠超過計劃的時間與成本完成。若能完善管理合併後的整合流程，許多案件也許能達到更高成就。太多高層主管認爲一旦交易完成、整合計劃也形諸筆墨，整個收購案就算結束。但是整合也許是最困難的部分，許多交易就是因這一環而功虧一簣。

8

持續改變的賽場

威名化柏格人的挑戰

柏格人（Borg）是一種半人半機器的外星生命。

一個被稱爲「集體意志」的網路，

在這種生命體之間進行連結。

柏格人經常攻擊外星文化，

將之融入集體意志之中，

說道，「反抗是枉然的，你們將被消化吸收。」

柏格人勢不可擋。

本書所描繪的策略皆屬經典級策略，但「經典」不應被詮釋成「停滯不前」。強硬賽局是充滿動態且恆常開展的；妨礙企業達成競爭優勢的新障礙持續浮現，阻礙企業建立決定性優勢的新路障也不斷被架起。有些議題是如此重大且複雜（像是中國持續竄升的勢力），以至於久久揮之不去，永遠無法從管理議程上徹底摘除。

本章所概述的許多議題，將影響強硬賽局未來的發展方向，改變了以求勝為目標的業者之遊戲規則，將眼光放在全球賽場的業者尤然。

打中國牌

對強硬派業者而言，中國將是未來十年內最重大且最具爭議性的議題，即便它們本身並非全球性企業。中國將是許多難纏競爭者的產地，正如一九八〇年代的日本，成為所有企業的眼中釘肉中刺。

但是今日的中國不同於當時的日本，它有潛力在全球經濟扮演更具挑戰性及影響力的角色。就市場大小及未來競爭者的來源而論，它的規模比日本廣闊龐大，而且它嶄露頭角的速度也高出許多。儘管中國的政治與商業作風，為企圖在那兒攻城掠地的西方業者帶來許多障礙（正如它們之前在日本遭遇的挫折），但比起戰後初期的日本，西方業者可以更輕易地在中國換得一席之地。如今是企業領袖承認他們必須打中國牌，或者被中國牽著鼻子走的時機了。強硬業者會採取這些做法：

壓低成本。開路第一步，就是要比競爭者更快地壓低成本，然後利用成本節幅來擾亂他們的策略。在考慮生產力及品質並進行調整後，中國工廠人力成本大約比美國及歐洲低廉三十到四十%；這些差距對競爭產生重大影響——在不見得需要改變策略的情況下取得較低的成本。中國的成本優勢已吸引、並將持續吸引那些高度人力密集、具有成長潛力、能吸引中國本土市場、擁有標準化程序及較簡單的後勤流程的製造商。

進軍中國無疑能節省成本，但成本節幅能否反映到利潤底線，則完全取決於競爭對手的行動速度。搶在競爭者之前率先進入中國，可以看到利潤底線的上揚，直到競爭者趕來分一杯羹爲止。要是跟競爭者同時行動，那麼成本節幅將在價格競爭下侵蝕殆盡，無法反映到你的利潤底線。

最理想的計劃是及早進入中國，然後利用節省下來的資金，投注於可以幫你創造競爭優勢的新策略。一九九〇年代末、二〇〇〇年代初，爲了打擊百工（Black & Decker）的專業電動工具事業，艾默生電氣（Emerson Electric）就是這麼幹的。十年前，百工接手一個叫做DeWALT的名不見經傳的電動工具品牌，創造一系列工具，然後與建築包商及消費者建立了堅強的業務關係。不過，百工持續固守在美國生產DeWALT的製造策略。艾默生決定以其品牌——Ridgid攻擊DeWALT，而且以中國為生產據點。Ridgid已從無名之輩，躍升為美國電動工具市場的要角。百工日前已宣佈進行重整，計劃將DeWALT的製造工作逐步外移到美國以外的廠房設施。

贏取中國當地市場。第二張可打的中國牌，是攻佔中國的當地市場。西方企業爭先恐後地將製造工作從高成本工廠移往中國，然後回銷本國市場。許多企業試著取得新供應商的股權，但少有人明白他們正為供應商的成長播下種籽，而這些供應商很可能成為他們未來的競爭對手。西方企業很想相信，在從中國進貨之際，他們仍保有原本的顧客關係，也是品牌的最終持有人。情況不盡然如此。

以平面電視為例。平面電視滲透市場的速度之快，專家幾乎沒有時間提出評論。諸如飛利浦和新力這些傳統品牌，被中國品牌以及向中國廠商進貨的新興西方品牌（例如戴爾〔Dell〕及捷威〔Gateway〕）推到一邊去。

一旦大勢底定，那些不僅是西方品牌之領先供應商，同時也是中國本土市場領先品牌的企業，將獨占市場鰲頭。完全仰賴中國供貨的西方品牌，將發現自己因向競爭對手進貨而處於高成本地位，也將發現他們完全無法撼動中國競爭者已在其本土市場扎根的金雞母。

善用供應鏈。第三張可打的中國牌，是一切貿易障礙中最難以跨越的一道——時間。中國與美國迢迢相隔，美國企業仰賴中國供應商供貨時，是將供應鏈延展到地球允許的最長距離。供應鏈管理的各個層面，原本即難以嚴謹控管，如今甚至益發艱鉅。延展的供應鏈非常容易受小規模需求波動而影響，使得供應鏈沿線出現巨大的扭曲。此外，供應鏈延展也使得企業在發現品質問題時，難以找出問題點並設法糾正。

沒有中國牌可打時則虛張聲勢。某些商品種類並不適合在延展的供應鏈中創造與生產，包括那些仰賴顧客引導創新，以及那些擁有對商品品質（不論實際上或認知上）及產地高度敏感的顧客之商品。如果你已在美國市場建立此類商品的競爭優勢，並相信打中國牌對你的事業幫助不大，你也許能夠誘使競爭者向中國進貨，藉此強化你的競爭優勢。辦法之一，就是發出幾可亂真的虛張聲勢之舉。宣佈你打算將製造外移到中國的意圖，並且做出讓競爭者相信的動作，例如在那兒展開小規模試行，或者委託某公司協尋設廠地點，接著慢慢來，只要足以讓競爭者相信你是認眞的就行（但不要實際完成任何工作或浪費任何資源），然後旁觀競爭者莽撞地進入中國，把自己的生意搞得一團糟。

不論你決定打哪一張中國牌，請記得，下一副牌已經在你手中了：它叫做印度。

卡在中間

過去十年來，美國經濟由製造商導向轉變爲消費者導向，幾乎已成爲各行各業的一項重要議題。然而，許多企業仍未認淸事實，要不，就是高層拒絕接受眞相①。

基於消費者人口統計資料以及消費行爲的轉變，再加上零售業的沿革，消費品市場出現了兩極化發展。在非常高階的區隔中，某些奢侈品品牌，例如古馳（Gucci）和勞斯萊斯，藉由以極高利潤與極低數量銷售超級昂貴的商品，而持續享受成功的果實。但是能夠負擔這些商品的消費者寥如晨星，以致品牌的成長空間不大，或無法取得足夠資源以迅速轉變。在低階區隔中，包羅萬象的大宗商品或實用品——包括家庭及辦公室用品、日常食品、家用電器、玩具和五金——以價格和些微的商品差異彼此競爭。這些品牌——包括自有品牌（private label）或無印商品（generic brands）或許能衝出高銷售量，但是必須奮力競爭才能維持或提高利潤。

市場上成長最快的區隔，要屬中產階級消費者仍負擔得起的高級品了。這些商品或服務的價格大約比中價位商品高出二十到兩百%，它們提供足夠的技術差異或效果上的改進，再加上情感的涉入，使得消費者願意多付些錢享受它們。這些新興的高級品牌包括少量生產的低價商品，例如Aveda的個人保養品、Grey Goose和Belvedere的伏特加酒，以及星巴克咖啡；也包括較爲昂貴的品項，例如Viking爐具或一套卡拉威（Callaway）高爾夫球桿；一直到高價位大手筆買賣，例如一趟高級郵輪之旅或一輛賓士C系列房車。

接著，還有所謂的中間地帶，這是消費者或廠商不願意滯留的疆域，上百家公司和品牌卡在其中動彈不得，包括凱瑪特、喬登瑪許（譯註：Jordan Marsh，美國著名百貨時裝店）、玩具反斗城、米勒啤酒、龐帝克汽車、Healthtex童裝、好時（Hershey's）巧克力、楷模（Kenmore）家電、思美洛（Smirnoff）酒、李維（Levis）牛仔褲、捷威電腦、銳跑（Reebok）球鞋和史雲生（Swanson）食品。

假使出現以下狀況，你就知道自己使的是軟趴趴的招數，有卡在中間進退維谷之虞：

·**你的商品與競爭者雷同，但售價高於鋪貨較廣的類似商品**。當你花三十九塊就能買到一條好得很的 Gap 卡其褲，何苦花六十五塊老遠跑到百貨公司買一條 Haggar 休閒褲呢？

·**你的商品基於品牌名聲而以極高價格出售，卻沒有傳遞價值、特色或情感上的涉入**。Godiva 巧克力正瀕臨這樣的險境。保時捷 Boxster 在問世兩年內即出現業績下滑現象，也許是因爲消費者可以花較低價格從本田 S2000 和其他車種得到同等的感受與刺激，而且不認爲值得多花錢買保時捷這塊招牌所致。

·**你的商品在品質、設計或績效上表現平平**。只有當別無選擇的時候，消費者才會屈就於製造拙劣、充滿瑕疵、外觀醜陋或表現不良的商品。這些商品往往是消費者必備的，但不願意被人撞見的品項——例如吸塵器。

·**你的商品欠缺情節或背景故事**。高級品消費者不願意和大型的、沒有特色的公司做生意。他們希望認識商品的幕後推手，也希望了解這類品項源起的來龍去脈。Sub-Zero 電冰箱的故事就比 Amana 有趣多了；就連商品幾乎淪爲大宗物資的戴爾公司，背後也有一個引人入勝、易於理解的故事（由少年創業家麥可·戴爾領銜主演），遠勝過惠普（一代偉大企業，如今因棘手的合併案而黯然失色）或捷威（什麼跟牛有關的故事吧）。

軟綿綿的業者寧願相信他們可以在新市場的遊戲規則外運作。然而他們要是不肯嚴正面對這些關鍵議題，就得靠一招半式的軟趴趴戰術來躲避必將降臨的死亡厄運。他們會：

- **指望顧客忠誠不移**。面對強大的競爭挑戰時，他們希望傳統顧客會看在舊日情分上，對他們死心塌地。有些人會，但不可能永不變心。林肯汽車就是最標準的例子。
- **以敏銳的廣告和巧妙的行銷吸引顧客**。消費者都喜歡好的廣告，而好的廣告可能驅使他們嘗試新商品，或者拉長他們忠於舊愛的時間。但是指望廣告把你從中間地帶拉出來，是一種軟趴趴的心態。米勒 High Life 啤酒曾經試過，效果不彰。
- **沒有靈魂的仿冒**。許多發現自己陷在中間地帶的企業，試圖仿冒業界領袖，但疏於理解顧客經驗。Dunkin 甜甜圈連鎖店供應拿鐵和卡布其諾咖啡，試圖仿冒星巴克的義式濃縮咖啡事業時，也許就落入了這樣的陷阱。

・**忽略異常行爲或爲之尋找託辭**。爲什麼有些人每晚從商品新鮮但選擇有限、價格較高的社區小店，購買烹煮晚餐的材料呢？他們之所以願意支付較高金額，是因爲他們總拖到最後一刻才決定晚餐內容嗎？還是因爲他們過於忙碌、壓力過大，不願意在一天結束之際面對擁擠的超級市場？

反觀身陷中間地帶的強硬派業者則盡可能設法了解顧客，決定他們應往市場高階或低階移動，接受顧客不再對不值得的品牌忠心耿耿——而且最重要的是，他們會在值得的品牌出現之際立刻琵琶別抱的事實。

強硬派業者會不計一切手段跳脫中間地帶。

處理擱淺資產

取得競爭優勢、創造一個可以累積決定性優勢的良性循環之際，可能產生一個麻煩的副作用，就是資產的擱淺。當曾經是競爭優勢功臣的資產變得無關緊要，或者更糟的是開始拖累競爭力時，就會發生這種現象。

「擱淺」（stranded）這個字是在電力事業開放民營時，開始出現在商業詞彙裡。操作某項發電資產（例如小型的燃油發電機）的高成本，往往隱藏在一大群發電資產的平均價格之下。一旦資產組合遭到拆解，此發電設施的營運成本高於目前向消費者收取的費用這項事實，便會一一浮現出來。沒有任何顧客願意支付足以涵蓋成本、讓此資產轉虧爲盈所需的價格。原始投資從未得到回收，此資產出現擱淺現象；它在資產負債表上徘徊，等待不可避免的資產價值沖減（write-down）。

諸如全球化、技術變革、企業利己行爲等力量，不斷地增強競爭態勢，讓許多資產出現擱淺，包括：

· **實體資產**。名列有待價值沖減的實體擱淺資產，包括老舊的購物商場、大型汽車及電器製造商的生產設施、閒置或利用率不足的百貨公司樓面，以及往返於一個偏遠地點和另一個偏遠地點之間的鐵路鐵道。

· **人員**。很多企業擁有擱淺的人力資產。高薪工作從美國流向印度，讓許多人咬牙切齒。因工作外移而失業的人員，即屬擱淺資產；坐享高薪並接受優渥的醫療及退休福利的汽車製造及重工業之勞工與退休人員，也同屬擱淺資產。

· **供應商**。當俄亥俄州的壓縮器製造商將生產外移到中國時，那家位於印第安那州、負責供應包裝紙箱的企業便陡遭擱淺。

・**顧客**。發現自己握有擱淺顧客的企業，爲數之多，令人驚訝。顧客的擱淺主要是基於客層基礎的老化，也可能是技術與商業做法的改變所致。日益倚重門診處置加上越來越精進的技術，導致住院期間縮短，因而使一項重要資產出現擱淺現象：醫院病床。

軟趴趴的競爭者把擱淺資產攬在一起，企圖將資產勢必得清算結帳的那一天往後推遲。他們試著將問題推給社會大衆，正如汽車業面對員工醫療保險成本問題時的做法。拖延得越久，長遠的痛苦就越深。

強硬派競爭者則力求刪除擱淺資產，或盡可能賦予他們新的用途。如果保持警覺、致力於解決問題，一家被無競爭力的租約壓垮的零售商，可以在五年之內逐步走出問題。如果每當經銷權易手，汽車製造商便強迫執行新的標準，該廠商可以在十年內擺脫陳年老舊的經銷商網路。

國際鋼鐵集團的偉柏・羅斯（Wilbur Ross）是一名強硬派人物，接管了許多千瘡百孔的鋼鐵公司。他關閉這些公司生產力不振的資產，擺脫高成本的人力契約，將給付退休金的責任轉嫁給政府單位，此單位成立的原因，部分是爲了確保退休工會成員不會丟了他們的退休金。他還以較低的工資率，提供新工作機會給遭他開除的勞工。

羅斯功成名就，廣受媒體喝采，但他並不特別享受塡滿其日子的工作。他哪有樂在其中的道理？他所做的，是之前軟趴趴的鋼鐵公司高層沒有勇氣執行的骯髒工作。如果他們及早面對問題，後續所需的變革就不會那麼嚴峻，傷害不會那麼深。「承認錯誤、承認失敗、重整、裁員，」羅斯對《商業周刊》如是說，「並非美國典範②。」

供應商瀕臨擱淺危機時，可以隨顧客一同外移到中國。或者棋高一招的是，搶在顧客之前率先外移。這就是瓦楞紙箱製造商——史墨菲史東容器（Smurfit-Stone Container）目前正在做的。

凱迪拉克一直與顧客擱淺的問題搏鬥。早在一九七〇年代，凱迪拉克與林肯便雙雙面臨客層基礎老化萎縮的窘境。福特把林肯汽車從福特事業部門分割開來，將其總部移到加州，賦予林肯高層主管一項新的使命：藉由提供足以與歐洲進口車媲美的入門級豪華車，拉近與年輕客層的距離。該公司在二〇〇〇年初飽受嚴重虧損之苦，福特放棄與過去切斷臍帶的大膽之舉，讓林肯汽車回歸底特律，埋入福特北美事業組織之下。

相較之下，通用汽車並未做出組織上的改變。他投資於大膽前衛的新商品設計與更高品質，意圖吸引新顧客，重振凱迪拉克的客層活力。凱迪拉克的新車款廣受媒體注目，而其銷售佳績足以讓凱迪拉克產生在歐洲銷售車輛的勇氣。

通用汽車在其擱淺資產上，展現了強硬的鐵血手腕。

威名化

柏格人（Borg）是電視影集《銀河飛龍》（*Star Trek: The Next Generation*）中的一個角色，是一種半人半機器的外星生命。一個被稱爲「集體意志」的網路，在這種生命體之間進行連結。柏格人經常攻擊外星文化，將之融入集體意志之中，說道，「反抗是枉然的，你們將被消化吸收。」柏格人勢不可擋。

威名百貨是當今商業界中的柏格人，地球上規模最大的零售商。若以營業額計算，它比第二大的零售商——佳樂福（Carrefour）大出三倍有餘，而佳樂福的店數反倒還更多。在許多商品類別中（包括雜貨、家居服飾、玩具、個人保養品、家用電器、雜誌及其他），威名百貨均是最大或列名前三大的銷售商。威名百貨持續推進新的商品領域，一再讓傳統競爭者淪入悲慘結局。他們的成本部位是如此強大，試著效法其「天天低價」策略的競爭者都以失敗收場。正如我們一位同事所述，「這世界從未見識如此雄心壯志、實力堅強且衝勁過人的企業。」

威名百貨讓供應商左右爲難。就絕對數值或往往就百分比而言，它是許多供應商手中利潤最高的顧客。威名百貨幫助每一家公司甩掉供應鏈上的多餘成本；雖然它佔有節省下來的大部分利益，但也讓供應商沾一點好處。因此，供應商莫不極力維持與威名百貨的生意往來。

然而，威名百貨暗自抱著一個對供應商不怎麼有利的預定議程。它利用你的品牌建立顧客流量，但私心裡希望消費者進門之後購買的是威名的自有品牌，因爲這可以讓他們拿到更豐厚的利潤。成長速度最快的服飾品牌是什麼？威名百貨的紐約之星（Faded Glory）——一條牛仔褲十塊錢，有些是在墨西哥生產的；同樣由這個國家供應的藍哥（Wrangler）牛仔褲，一條要價十四塊錢。

威名百貨的另一項重大威脅——正如樂柏美痛苦地學到的，是在它佔了你如此龐大的業務比例之後，一旦棄你而去，會讓你傷得很深（它佔了寶鹼本土業務的二十五％）。所以，要避免被威名化，得小心平衡你的顧客組合，試著賣到別的通路、進入國際市場。

不過，此龐然大物的甲冑上也有其罩門。

顧客在威名百貨購物時，不得不接受妥協。他們通常得長途跋涉才能抵達店門；必須在偌大且擁擠的停車場泊車，必須走過數英畝的零售空間，穿越一條條帶領他們更深入商店的走道；銷售諮詢人員寥寥無幾，而且不見得懂很多。價格的確極低，但是購物經驗充其量不過爾爾，糟的話還覺得不愉快。有些顧客（雖然可能低於媒體要你相信的人數）拒絕在威名百貨購物，因爲他們不喜歡這樣的購物經驗，另一些人則是因爲排拒威名百貨對社區的衝擊，或厭惡他們的勞工政策。

也有些供應商不喜歡威名百貨，並且拒絕供貨。他們相信威名百貨扼殺了創新。簡易工業（Simplicity Manufacturing）的執行長詹姆士．威爾（James A. Wier）對《商業周刊》表示，「威名百貨的實相，就在於不斷壓低商品成本。」簡易工業專門生產割草機，該公司決定停止透過威名百貨販售。「當你壓低商品成本，就眞的無法交出像我們這樣高品質的商品③。」

是否向威名百貨供貨，選擇權操之在你。高進貨量是他們手中的胡蘿蔔，而屈從於威名百貨的行事作風（包括得持續壓低價格），則是與他們交易時不得不面對的棍子。好處是你的品牌將得到高度曝光，擴大客層基礎；風險則是品牌因和威名百貨掛勾而失去活力，而且你將缺乏足夠現金來創新並提昇商品。

你的策略選項包括：

・**乾脆不跟威名百貨往來**。承認你的業績將會降低，但利潤率可能提高的事實，也接受競爭者供貨給威名百貨的風險。果眞如此，競爭者的銷售量將凌駕於你能達到的水準之上，進而壓低成本，然後回頭攻擊你在替代通路創造出來的金雞母。

・**賣某些商品或品牌給威名百貨，並且創造不同的商品線在其他通路進行販售**。這很難做到。假使其他通路品牌締造佳績，威名也會想染指，並且利用目前跟你的生意往來，說服你把新品牌也交給他們。

・**建立一套快速的商品創新模式**。以你盡可能收取的高價，盡可能延長在威名百貨以外的通路銷售新商品的時間，等到商品成熟之後，再讓該品牌進入威名百貨的賣場。但是威名百貨反應迅速；機會窗口開啓的時間不會太長。他們很可能在你願意之前，就想要引進新商品。如果你抵死不從，他們可能創造仿冒品，一如他們推出 Mainstays 品牌，對抗瑪莎・史都華在凱瑪特銷售的瑪莎日用品系列。

以強硬手段對抗如威名百貨這等成就非凡的強硬派業者，實在非常困難。然而，除了打破顧客經驗的妥協之外，還有其他兩種可能性：

・**挖掘反常現象的利用價值**。雖然威名百貨的庫存琳琅滿目包羅萬象，但它的業務焦點在於低價的實用性商品；該公司仍然無法攻破本章稍早提到的奢華品範疇。此類商品深深吸引的客戶群，在本質上迥異於威名百貨的客層基礎——無明顯特徵的「一般大衆」。最重要的是，此類高級品的銷售（而且利潤豐厚），是以情感上的投入爲基礎——不論在購買時或在使用時。威名百貨的氣氛和新奢華品格格不入；那兒的購物經驗非但無法提高商品吸引力，往往還有辱其形象。創造誘人的商店環境是需要花錢的，更好的陳列方式和設計，燈光和裝潢——這些都是威名百貨捨不得花費的成本。

網路零售商如德斯高（Tesco）和 grocerygateway.com，可視爲運用同一項反常現象——某些顧客以較高價格換取較佳經驗的意願。通曉網際網路、珍惜時間、希望得到具競爭力的價格，又不需要把價格壓到最低的消費者，發現以網路購物取代到威名百貨或其他大賣場消費，是完全可以接受的。在 grocerygateway.com，消費者只要點一下滑鼠，就可以買到價格優惠的雜貨、家居貨棧的五金、醇酒及其他商品。貨品將在議定的時間抵達，送進屋子內。不需開車，不用停車，沒有人潮，不必在無止盡的通道間閒晃，不必使勁地提一包包重物，不必和威名百貨打交道。

・**拉高成本**。威名百貨的形象也有漏洞。在某些人眼中，他們不是強硬派業者，而是無恥的惡霸。威名百貨因強迫員工無償加班、提供菲薄的醫療福利、傷害小企業、污染環境，甚至因吝於展現人道精神而備受抨擊。聰明的競爭者也許可以設法拉抬威名百貨的成本，例如揭露威名百貨在特定議題上的表現，進而超越他們的表現，迫使威名百貨提高在該領域的成本。但是要小心，相較於競爭者，威名百貨的成本實在非常低，你很難迫使威名百貨的成本高到足以令它感受痛苦的程度。

有朝一日，威名百貨的經營模式恐怕無法繼續提供它所設定、或需要達到的成長。全球擴張即是威名百貨的一個潛在危機來源。該公司的本土成長率撐不了多久了，必須想辦法進行海外擴張，而他們在這條路上，已經跌跌絆絆了好幾年。假使威名百貨成長率下滑，而其他競爭者的成長率不降反升，其經濟模式恐將開始呈現不穩，容易因攻擊而受創。也許將出現挑戰大賣場概念的新型態競爭者，很可能是某種型態的網路零售商，能有效提供規模超越最大的實體零售商所能建造的大賣場，同時大幅提昇顧客的購物經驗。

市場力量也許此消彼長，或者浮現新的勢力，威脅著威名百貨以供應鏈爲基礎的競爭優勢。我們無法論定會出現什麼樣的新市場力量，但它們總是持續湧現——而且只要政府不試圖「解決」問題，它們總會再度佔上風。

假使不是歷史上「無敵的」人類成就之當代典範，威名百貨會是什麼？「對一個普遍著重搶到最佳交易的社會而言，威名百貨是其經濟的合理終點，也是其未來，」前勞工部長羅伯・瑞奇（Robert B. Reich）對《紐約時報》如是表示④。然而，戰爭史上充斥著終遭淘汰的「終極武器」：十字弓、戰艦、ＩＣＢＭ（洲際彈道飛彈），比比皆是。

不過，就算威名百貨終有被邊緣化或擊敗的一天，還是會有另一個不同的柏格人竄起，對全球競爭者提出似乎無法跨越的嶄新挑戰。

快速球贏家的特質

轉虧爲盈，持續尋找優勢新來源

他們有堅毅的心智，幫助他們面對眞相、
認清現實。他們能覺察情緒，
意味著他們對自己和手底下的人員知之甚詳。
不論情勢看來多麼理想，他們永遠不滿足於現狀，
而且擁有催化改革的意志力。
他們的個性強悍，但絕非惡霸。
他們認眞看待事業，也能從賽局中得到樂趣。

要將強硬手腕發揮到極致，必須擁有一個強硬的心理狀態。我們沒有在這本書裡強調個人輔導、技能養成、自我提昇這一類的議題，但是，正如我們的故事所昭示的——以及我們從顧客經驗中得到的深切體會，強硬手腕的施展，所需的絕非只是策略而已。

快速球贏家具有一些令人欽佩的特質。他們有堅毅的心智，幫助他們面對真相、認清現實。他們能覺察情緒，意味著他們對自己和手底下的人員知之甚詳。不論情勢看來多麼理想，他們永遠不滿足於現狀，而且擁有催化改革的意志力。他們的個性強悍，但絕非惡霸。他們認真看待事業，也能從賽局中得到樂趣。他們抱著如此旺盛的求勝熱情，週遭人士莫不深受感染。

快速球贏家需要上述種種特質以及更多，以便完成他最重要的任務：切中事務核心，不偏不離。事務的核心是一組根本的、而且往往牽一髮動全身的議題，限制著企業的成長與成就。這些議題通常具有多重困難度，以至於組織內沒人膽敢迎接挑戰，或者有能力確實解決它們。

切中事務核心並不容易，所需的行動不只是找出事務核心而已。舉例而言，一家大型消費品公司一度享受豐厚利潤，但是短短數年間便從數百萬的利潤變成數百萬的虧損。如今這家公司全身是病，被困在好幾個讓它難以改善成本、時間或品質表現的惡性循環中。日本和德國競爭者正一口一口地蠶食它的市場佔有率。

對這家公司而言，事務的核心包括：關閉效率不彰的工廠、與工會重新進行協議、刪除特定商品、降低核心流程的複雜度等種種需求。每項議題都難以面對、難以創造解答、難以傳達給組織整體，而且最重要的，難以著手執行。公司高層甚至無法鼓起勇氣，正視這些處於事務核心的議題。於是，他們就像被車頭大燈嚇呆的鹿，不可置信地看著競爭者呼嘯而來，隨時可以撞倒他們。

勇敢面對事務核心、解決癥結點上的議題，不論對生理或心理而言，都是一件繁重費勁的任務，面臨競爭激烈的市場時尤其如此。比起在事務核心上制定必要的棘手決策，例行業務上的日常小決策和漸進式的行動，是容易處理得多了。正如菲多利的羅傑・安利可所顯示的，活在事務的核心，意味著在大事情上行大刀闊斧的改變；這需要膽識。

人們和組織可以編出許多藉口來逃避事務核心的癥結議題，而且聽起來都言之成理。常見的藉口包括：「那不是我的問題，」即便確實就是；或者，「我們之前已經不下千次地試著解決這個問題，」即便他們從未全心投入任何一樁旨在解決問題的行動；或者，「關於這個問題，我們目前已頗有斬獲，」即便他們根本毫無進度；或者，「那不是我的錯，」即便他們得負擔部分責任；又或者，「我們正在等候指示，」其實他們本身就該負起領導之責。

讓組織專注於事務核心的唯一之道，就是由高階領導人率先界定問題、討論它們並攻擊它們。親身活在事務核心中的領袖，有三項共通特質：

．**他們活在岩石表面上**。活在岩石表面，意味著不論身心都與市場產生連結——對顧客、消費者、競爭者或供應商都是如此。與顧客交談、「把自己釘在訂單上」、拜訪經銷商、熟知競爭者的經濟結構，或甚至比他們自己更清楚。你必須親身體驗顧客的交易經驗。

軟趴趴的競爭者逃避顧客經驗。舉例來說，許多航空公司高層從未在機場櫃檯前排隊，或搭乘經濟艙飛行；許多汽車業主管不必親自購買新車，不必親自辦理貸款或保險。另一方面，安利可就活在岩石表面上。他喜歡逛超級市場，親自向老主顧發放新商品試用包。他說那是「商業界中最接近宗教體驗的一種經驗」，因爲那深具啓示性、意義深遠。強硬人士樂於當他們自己的顧客。

．**他們有勇氣詢問簡單問題**。人們之所以獲得升遷，是因爲他們拿出具體成果且擁有豐富經驗。許多高階主管無法拉下臉來說「我不知道」，因爲這似乎會讓他們位居高層的根本理由出現動搖。這樣的憂慮，讓他們避免討論簡單、根本的生意問題。詢問像「我們的顧客是誰？」這類的基本問題，可能讓他們看似無知。事實上，這是必要的；直陳「我不知道」可能導致突破性發展。領導人若過度臆斷，便會失去他們的優勢和價值。當沃索紙業工作小組見到銷售上的異常現象，他們詢問「爲什麼？」，而當他們被告知這是特殊關係所致，他們又問「怎麼樣的特殊關係？」。唯有這樣，他們才能發現可以善加利用，進而轉變成競爭優勢的眞正成因。

·他們建立一個說實話的網路。強硬作風是一種團體運動，你無法單槍匹馬取得勝利，不論你的生活離岩石表面有多近，或者你多麼勇於詢問簡單的問題。問題在於與你互動的人員——從你的直屬部屬開始——多半不具備和你相同的強硬心態。

員工出於自利心態，往往在向上傳達資訊時隱瞞事實。因此，爲了施展強硬手腕，你必須建立一個說實話的人脈網路，否則你永遠無法確定事務的核心究竟是什麼。實話網路通常是非常私密而且非正式的，同事、顧客、顧問、朋友和家人，也許都是其中一分子。

不願意或還沒準備好面對事務核心的組織，注定無所作為。和有能力正視事務核心的競爭者相較之下，它們就像坐以待斃的甕中鼈。因此，強迫組織面對事務核心、敦促員工置身其中，是強硬派領導人責無旁貸的份內工作。

然而，進入事務核心之後，要如何集中精神，專注地處理核心議題？強硬派領導人的做法，是設想自己永遠承擔讓企業轉虧為盈的重任。即便他們的公司原本就非常成功，或者正往成功之路邁進，但他們仍不斷試著讓它變得更好，尋找競爭優勢的新來源，建立良性競爭循環，面對新威脅，服務新市場，或者解決任何新的挑戰。

此外，強硬派領導人會讓「轉虧為盈」成為整個管理團隊的使命。這些領袖敦促他的團隊一刻不懈怠地專注於轉虧為盈的目標，如此一來，所有決策及行動都會在這個框架下完成。

不過，要求管理團隊制定這些目標，恐怕有其困難，因為他們的管理議程已經排得滿滿的了，而需要關注的議題也似乎多如牛毛。管理人員被要求處理從人才培育到授能等廣泛的人力資源議題；他們需負起顧客關係與夥伴關係的管理之責；他們必須思索企業的制度與流程；他們需要隨時掌握產業與經濟的最新動態。

然而對大多數企業而言，這些議題根本搆不上事務的核心。它們也許看似重要，但絕非關鍵所在。在這些問題上花心血，恐怕會讓管理團隊分心，無法專注在能讓績效脫胎換骨、對轉虧爲盈貢獻最大的一小群目標上。事實上，轉虧爲盈的目標很可能列屬以下其中一項：

- 企業活動組合合理化。
- 成本及價格去平均化。
- 商品、服務及顧客聚焦化。
- 將主要競爭對手的優勢轉化爲劣勢。

融入轉虧爲盈情境的管理團隊，絕不容許自己從這些中心目標上分心。他們手底下的人員爲了協助企業轉虧爲盈，會源源不絕地提出新的構想、新的理念。不過，爲了改革及提昇而投入的新活動，必須經過仔細考量，唯有能幫助企業往目標邁進時才予以接受。爲了幫助管理團隊決定投入哪些活動，強硬派領袖服膺以下這些大原則：

- **先求生存再取競爭優勢**。本書的中心訊息是，唯有取得競爭優勢，才能達到長遠的、有利潤且有報酬的成長。但是一家公司首先必須擁有進行投資、導向競爭優勢所需的資金。因此必須找出現金來源，創造最大價值；現金的消耗者必須最小化，所有剩餘現金必須先投注於生存，然後盡快用來創造與培植競爭優勢。

．**一切行動要快、要準，而且要從根本處著手**。每一項旨在轉虧爲盈的專案，必須在十二到十八個月內交出看得到且數得清的成果；這就是所謂的「快」。每一項精選的績效改進專案必須得到保護，不受那些總是搬到隔壁、聲稱和它們具有裙帶關聯的「鄰近」專案所排擠。必須排除一切「鄰近」專案；這就是所謂的「準」。最後，正如我們一再提到的，唯有深入事務核心的活動，才應加以考慮與執行；這就是所謂的「從根本處著手」。

．**絕不允許人們光找出改革的障礙，而不提出克服障礙的方法**。老是持反對意見、危言聳聽和愛發牢騷的人，皆是阻礙企業轉虧爲盈的絆脚石；有時候，它們甚至是專案的致命傷。你希望人們能清楚地闡述問題、找出障礙，但他們不能沒有提出至少一種（最好許多種）解決問題或越過障礙的方法。

．**直言「是」或「否」，絕不說「也許」**。對任何組織而言，缺乏明確方向是最大的壓力來源。當出現新的活動提案時，領導人往往規避制定決策、表明是否放手一搏的責任，這給了提案擁護者一線希望，允許寶貴的時間和資源消耗在規劃或實驗上。同樣的，對於是否繼續推動當前活動，領袖也往往疏於制定明確的決策。他們會讓它繼續存活，希望有朝一日能出現正面成果。或者，領袖只是單純地避免跟活動擁護者產生衝突。這實在不好。直言「是」或「否」，但絕不說「也許」。就算答案爲「否」，也不盡然表示這項活動永無翻案的一天。或許會出現更新、更好的資訊，導致人們重新審視這項議題。在此同時，稀少珍貴的資源就可以徹底投入於「快、準且根本」的議題項目上。

．**持續且重複地與關鍵人物——員工、顧客、供應商、金主——進行溝通**。成功主導一次轉虧爲盈的企業執行長告訴我們，只有在他對關鍵利害關係人談論轉虧爲盈，談到筋疲力盡之後，他們才眞正開始明白它、支持它。人們需要反覆聆聽現象背後的邏輯，次數遠超過企業高層認爲合理的程度。測試訊息是否被理解、牢記的一個好方法：詢問第三或第四層員工，他們認爲公司的策略是什麼。

．**絕不容忍一次以上的失敗**。轉虧爲盈的一大威脅，來自於除了藉口，什麼成績也交不出來的人。許多轉虧爲盈的努力之所以牛步化或走岔了路，正因爲關鍵人物無法交出成果，不只一次，而是兩次、三次。領導企業轉虧爲盈的領袖，對失敗的容忍力極低。時間太過寶貴了；一次失敗也許能夠理解，甚至無可避免，但是一而再再而三地失於交出成果，即顯示缺乏意志力、無能或甚至有蓄意破壞之嫌。對於成功執行的期許，必須在轉虧爲盈行動一開始之際就明確陳述，讓所有人刻骨銘心；他們應該明白，就算造成傷亡都在所不惜。繳交白卷的人員必須受到輔導、警告、調職或開除。長年擔任美國空軍武器學校校長的約翰．博伊德（John Boyd）上校，因批評手下高級軍官在歐洲訓練期間的低傷亡率而聲名大噪。他相信這顯示飛行員沒有得到足夠的敦促。

有許多方法在強硬賽局中取勝，而每個贏家都有屬於自己的遊戲風格。我們希望你能從這本強硬手段教戰手冊中，得到任何幫助你在自己的賽局中更勝一籌的觀念與方法。祝福你成功創造競爭優勢、撼動你的產業、強化經濟，讓商業世界成爲一個處之不易、卻很實在的地方。

註釋

硬是要贏

①出自波士頓顧問集團之*Failure to Compete*一書（波士頓：波士頓顧問集團，一九七三年）。

②出自Brian Bremner與Chester Dawson合撰之Can Anything Stop Toyota?，《商業周刊》二〇〇三年十一月十七日；Steve Lohr之Is Wal-Mart Good for America?，《紐約時報》二〇〇三年十二月七日，第四版第一頁；Adam Lashinsky之Dell: Meanest Kid on the Block，《財星》網站，二〇〇三年九月十五日（http://www.fortune.com/fortune/bottomline/0,15704,486908,00.html）。

③出自B.H. Liddell Hart所著之*Strategy*一書，第二版（紐約：Signet，一九六七年）第一四五頁。

④出自《西南航空公司一九九三年年報》，達拉斯，一九九三年。

1 正面迎擊：快、狠、準

①通用汽車的故事，取材自波士頓顧問集團（BCG）的分析與其他公開資料來源。

②BCG分析。

③出自Danny Hakim之Vehicle Sales for October Were Highest Ever in U.S.，《紐約時報》，二〇〇一年十一月二日C2。

④出自Sholnn Freeman之Auto Makers' 0% Financing Plans Spark Sales and Analyst Concern，《華爾街日報》，二〇〇一年十月三十日，B10。

⑤BCG分析。

⑥出自Steve Finlay之Wagoner: "Quit Whining"，*Ward's Dealer Business*，二〇〇三年三月一日第五頁。

⑦菲多利故事乃根據羅伯・拉契奧爾在一九八三到一九八六年間在菲多利工作的經驗；與多位前任及現任菲多利經理人的訪談；羅傑・安利可在二〇〇四年三月二十三日與作者進行的電話訪談；以及公開資料來源。

⑧出自Steve Englander在二〇〇三年八月一日寄給拉契奧爾的電子郵件。

2 反常現象的逆向思考

①出自Joe Girard與Stanley H. Brown合著之*How to $ell Anything to Anybody*（紐約：Warner Books，一九七七年），第四十七到五十頁。

②出處同上，第四十七到五十頁。

③沃索紙業的故事乃根據BCG爲該公司提供諮詢服務所取得的經驗與分析；該公司的故事在Michael J. Kronenwetter所著的*A Century of Wausau Paper*（沃索：Marathon Communications，一九九九年）中，有完整的陳述。

3 威脅競爭者的金雞母

①眞空公司與掃除公司的故事是以眞實個案爲基礎，再經編造成爲小說情節。

4 借取構想成就創新

①出自Bill Saporito之What Sam Walton Taught America，《財星》雜誌，一九九二年五月四日，第六十六到六十七頁。

②倍思維爾的故事是根據BCG為該公司提供諮詢服務所取得的經驗與分析。
③福特的故事是根據BCG為汽車業提供諮詢服務所取得的經驗與分析，故事中的部分引言乃經過改述。
④瑞安航空的故事乃根據BCG為航空業提供諮詢服務所取得的經驗與分析，以及部分公開資料來源。

5 誘使敵人退出主要戰場

①聯邦輝門與JPI的故事乃根據BCG為聯邦輝門提供諮詢服務所取得的經驗與分析，以及公開資料來源。
②出自Ted Post執導的電影《辣手追魂槍》(Magnum Force，加州柏本克市：華納兄弟，一九七三年)。

6 打破市場成規

①CarMax的故事乃根據作者在二〇〇三年十一月二十五日與奧斯丁・利根進行的電話訪談，以及BCG針對公開資訊進行的分析。

②出自 Kathleen Kerwin 之 The Shape of a New Machine，《商業周刊》，一九九五年七月二十四日，第六十頁。

7 購併創造優勢

①出自 Richard A. Knox 撰文之 Hospitals Expect Merger to Save Millions: MGH, Brigham Super-Hospital Deal Would Change Face of Boston Medical Establishment，《波士頓環球報》，一九九三年十二月九日，第一頁。

②出自 Richard A. Knox 之 Harvard Dean Seeks to Unite Hospitals, Fears Split of Medical School's Research, Teaching Programs，《波士頓環球報》，一九九七年十月三十日，C1。

③思科的故事乃是以BCG針對公開資料進行的分析爲基礎。

④紐威爾的故事乃是以公開資料來源以及與紐威爾高層進行的訪談爲基礎。

⑤出自 Bob Papoe 撰文之 Merger Creates Largest Doormaker，《多倫多星報》，一九八九年十月二十八日，C1。

⑥出自 Cherilyn Radbourne 撰文 Masonite International Corp.: Can't Knock It，*RBC*

Capital Markets，二〇〇三年八月十一日，第十四頁。

⑦出自 Philip Orsino 之 Opportunity Knocked，《國家郵報》，二〇〇三年十一月一日，第三十四頁。

8 持續改變的賽場

①本資料乃根據BCG同事 Michael J. Silverstein 及 Neil Fiske 與 John Butman 合撰的 *Trading Up: The New American Luxury*（紐約：Portfolio，二〇〇三年）。

②出自 Nanette Byrnes 之 Is Wilbur Ross Crazy，《商業周刊》，二〇〇三年十二月二十二日，第七十四頁。

③出自 Anthony Bianco 與 Wendy Zeller 合撰之 Is Wal-Mart Too Powerful?，《商業周刊》，二〇〇三年十月六日，第一百頁。

④出自 Steve Lohr 之 Is Wal-Mart Good for America?，《紐約時報》二〇〇三年十二月七日，第四版第一頁。

國家圖書館出版品預行編目資料

快速球宣言／喬治・史塔克(George Stalk)，
羅伯・拉契諾爾(Rob Lachenauer) 著
黃佳瑜譯.-- 初版.-- 臺北市：
大塊文化，2005[民 94]
面：　公分.--(Touch ; 41)
譯自：HARDBALL:
Are You Playing to Play or Playing to Win?
ISBN 986-7291-42-5(平裝)

1. 職場成功法 2.決策管理 3.競爭 (經濟)

494.35　　94010580

LOCUS

LOCUS

LOCUS

LOCUS